Thomas Mauer

Modellbahnbau in Perfektion:

Landwirtschaft und Bauernhöfe

Ideen | Tipps | Projekte

VGB [VERLAGSGRUPPE BAHN] | GeraMond

Bauernhöfe
Glückliche Tiere in der Modellwelt!

Der Modellbahner an sich gehört einer besonderen Spezies Mensch an. Eher introvertiert bevorzugt er einsame, wohltemperierte Orte wie gut ausgebaute Kellerräume oder Dachgeschosse, in die er sich stunden-, teilweise sogar tagelang, zurückzuziehen vermag, um seiner Leidenschaft nachzugehen.
Oft wird er von seiner Familie vermisst gemeldet, weil unauffindbar. Nachbarn kennen ihn nur vom Erzählen, da er ihnen zu normalen Tageszeiten noch nie begegnet ist.
Man sagt ihm nach, er sei gewissenhaft und akribisch, besitze Ausdauer und eine besondere Auffassungsgabe bei der Umsetzung kniffliger Problemstellungen. Vom Sternzeichen ist er häufig Dampflok, manchmal auch Diesel-, eher selten E-Lok. Er liebt seine Modellwelt über alles, kann sich kopfüber in sie verlieren. Hier ist eine heile Welt, keine Sorgen, keine Nöte und das ist auch gut so!
Häufig sind es ländliche Themen, die er aufgreift und so verwundert es kaum, dass Bauernhöfe und ausgedehnte Grünflächen zum Mittelpunkt der Darstellung werden. Es muht, mäht, grunzt und gackert nur vor sich hin, egal, wo man hinschaut und hinhört.
Dem Viehzeug geht es gut, keine Spaltenböden, keine Käfighaltung, Tierwohl, soweit das Auge blickt.
Ja, so ist das auch in meiner Modellwelt, die sich gerne und ausgiebig mit dem Landleben und der Landwirtschaft beschäftigt. Vermutlich spielen mir da romantische Vorstellungen vom Beruf des Landwirts aus frühester Jugend einen Streich, die nun mit dem tatsächlichen Leben dieser Berufsgruppe wenig gemein haben.
Egal, ich habe dies bislang nicht tiefenpsychologisch ergründen lassen und stehe zu meinen Vorlieben, die ich gerne mehrfach im Jahr bei Neuerscheinungen unserer Zubehörhersteller zum Thema Landwirtschaft auslebe.
So sind ein Großteil dieser hier für dieses Buch zusammengestellten Beiträge entstanden. Ganze Hofanlagen samt Umfeld, einzelne Stallgebäude oder aber Scheunen- und Lagerräume sind Thema diverser Artikel.
Aber auch der Blick über den Tellerrand wird hier nicht vergessen! Die Gestaltung eines profanen Feldwegs ist genauso erwähnenswert wie ein einfaches kleines Backhaus, eine Landmaschinenwerkstatt oder der klassische Bauerngarten.
Ich wünsche Ihnen viel Spaß beim Studium des Buches und hoffentlich jede Menge Inspiration.

Thomas Mauer

Inhalt

68

88

Aus dem Gestüt der Fa. Faller entsteht ein kleiner authentischer Milchviehbetrieb mit selbstgebautem Schuppen, einem Misthaufen und Hauswiesen, auf denen die Kühe weiden können.

Die Kartoffelernte war in früherer Zeit trotz des Einsatzes von Ackerschlepper und Kartoffelschleuder sehr personalintensiv, denn die Knollen mussten nach wie vor per Hand aufgelesen werden. Mit dem passenden Set von Preiser lässt sich das Motiv äußerst realistisch nachstellen.

Umgeben von mächtigen alten Bäumen präsentiert sich Fallers Dreiseithof in einer großzügig angelegten Modelllandschaft mit Weiden, Wiesen. Bauerngarten und einer Nebenbahnstrecke im Vordergrund.

Umbau des Faller-Gestüts

Kleiner Bauernhof samt Umfeld

Da lag es nun vor mir, das „Gestüt" von Faller mit der Art. Nr. 130542. Meine Affinität zum Landleben und zu Bauernhöfen ist vielleicht dem geneigten Leser mittlerweile bekannt. Und Pferde mag ich durchaus auch. Vor allem Kutschpferde mit ihrem ruhigen Gemüt und ihrem sachten Bewegungsablauf, der meinen auf jeden Fall nicht überfordert. Eigentlich bewegen sie sich nur nach Aufforderung. Gut, das mache ich zwar nicht…

Der fertige Milchviehbetrieb mit seinen Ergänzungen macht sich ausgesprochen gut. Der nicht eingehaltene Maßstab lässt sich geschickt durch die Wahl einer früheren Epoche überspielen, also zu Zeiten, in denen Traktoren und Gerät nicht heutigen Dimensionen entsprachen. Ein schönes Ensemble für ein ländliches Motiv.

Ein Gestüt also, frisch ans Werk. Doch Moment mal. Ähhh? Wo sind denn die typischen zweigeteilten Stalltüren für einen Pferdehof oder ein Gestüt? Da habe ich mich aber von dem Kartonbild arg hinter das Licht führen lassen!

Nein, das passt so nicht und wirkt nicht wirklich glaubhaft. Ein kleiner Milchviehbetrieb wäre aber gut vorstellbar. Macht nichts, dann wohnt eben „Elsa" (samt ihren Freundinnen oder Genossinnen) auf dem Hof und nicht das berühmte (ehemalige und mittlerweile verstorbene) Dressurpferd „Totilas".

Ein paar Ergänzungen rund um das Gebäudeensemble und Stacheldraht statt Holzzaun an den Weideflächen und schon passt es.

Mauer-Hochglanz matt gestalten

Beim Öffnen der Packung fallen bei diesem Bausatz die aufgedruckten Ziegelsteinmauern auf. Eigentlich ist das nicht weiter schlimm, wenn nur nicht die gesamte Fassade dadurch hochglänzend (!) wäre. Kurz überlegen! Wie bekommt man das weg. Ich habe es zunächst mal mit meinen Aquarellstiften probiert, was aber nicht wirklich erfolgreich war. Dann fiel mir die Farbbrühe aus lösungsmittelhaltigen Farben ein, die ich häufig zum Altern verwende.

Nur, wie verträgt sich das Lösungsmittel mit der Folie des Mauerwerks? Zum Glück sind einige Teile vorhanden, die nicht für diesen Bausatz benötigt werden, an denen man einen Versuch gefahrlos starten kann. Lösen tut sich nichts, nur nach dem Trocknen der Brühe klebt die Folie ein

Da lag es nun vor mir, das „Gestüt" von Faller mit der Art. Nr. 130542. Leider fehlen die zweigeteilten Stalltüren für eine glaubhafte Nachbildung eines Gestüts... Dann wird's eben ein kleiner Milchbetrieb!

Mauer-Hochglanz matt gestalten

Die hochglänzende Backstein-Folie wird mit stark verdünnter schwarzer Emailfarbe überzogen. Ein breiter Pinsel sorgt für eine gleichmäßige Verteilung der Farbbrühe.

Die ehemals weißen Umrandungen des Ziegelmauerwerks werden nun frei Hand mit einer mittelgrauen Emailfarbe nachgezogen. Der Pinsel sollte eine gut geformte Spitze haben.

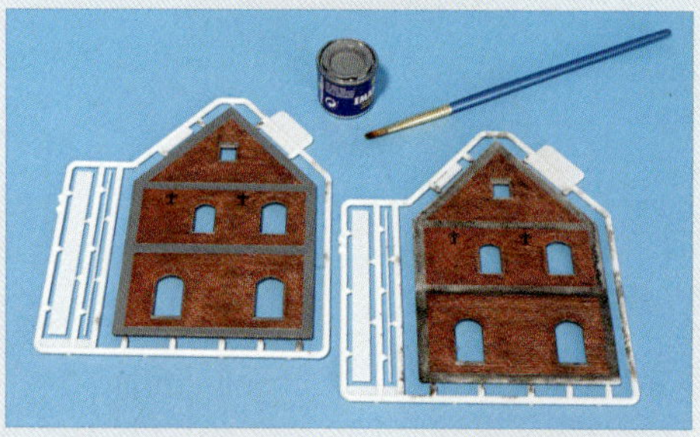

Mit dem Vallejo-Farbton „Silver Grey" werden vor allem die grauen Flächen graniert.

Neu lackiert und mit den farblich hervorgehobenen Details wirken viele Bauteile direkt natürlicher. Hierbei steht das subjektive Empfinden im Vordergrund.

Nachdem die Fenster samt Verglasung montiert sind, können die Fensterläden angebracht werden. Auf der Folie halten sie aber nicht mit dem üblichen Plastikkleber, weshalb man Sekundenkleber verwenden muss.

wenig, was aber nach einigen Tagen verschwunden ist.

Jetzt müssen nur noch die ursprünglich weißen Umrandungen des Ziegelmauerwerks am Wohngebäude optisch angepasst werden. Dies gelingt z.B. mit dem Revell-Farbton Nr. 47 und einem nicht zu breiten Flachpinsel mit ordentlicher Spitze frei Hand ganz gut. Ein paar Lichtspitzen lassen vor allem diese Umrandungen deutlich plastischer wirken.

Nachdem man nun Fenster und Verglasung in jede der vier Wände eingesetzt hat, müssen noch die Fensterläden montiert werden. Dies gelingt aber nicht mit dem üblichen Plastikkleber, wie ich selber ausprobiert habe, sondern nur mit Sekundenkleber. Der Hersteller weist auch explizit darauf hin. Allerdings muss man bei Sekundenkleber, wie der Name schon andeutet, fix sein, damit alles möglichst gerade ausgerichtet ist.

Witterungsspuren am Dach

Neben dem obligatorischen Färben von Kleinteilen wie Türen etc. samt dem Hervorheben von Griffen und Beschlägen lohnt sich die Farbgebung des Dachs beim Stallgebäude besonders. Es besteht nämlich im oberen Teil aus Holzschindeln und im unteren Bereich aus Dachziegeln. Während man die Ziegel einheitlich grundfärbt, wird bei den Holzschindeln ein Farbverlauf von Beige über Rotbraun bis hin zu Grau angestrebt. Die Farben werden nass in nass aufgetragen. Farbnuancen sind erwünscht und lassen die Schindeln in immer neuen Farbabstufungen erscheinen.

Mit dem Verwittern durch die Lasuren Schwarz und Sepia von Vallejo erhält das Dach seine Tiefenwirkung. Ein hellgrauer Vollfarbton erzeugt dann die Lichtspitzen.

Ein Misthaufen darf nicht fehlen...

So ist mit kleinen Veränderungen ein nettes Gebäudeensemble entstanden, das jetzt noch durch einige Ergänzungen aufgepeppt wird. Da wäre zunächst der Misthaufen zu nennen. Schließlich müssen die festen Bestandteile der Hinterlassenschaften von Elsa und Co. zwischengelagert werden. Für den Bau des Misthaufens habe ich dünne Dämmstoffplatten für die (Beton-)Wände und eine Bodenplatte aus 1 mm starkem Kunststoff ausgewählt.

Bei genauerer Betrachtung erkennt man, dass das Dach des Stallgebäudes im oberen Bereich mit Holzschindeln und im unteren Bereich mit Dachziegeln versehen ist. Dem sollte man farblich Rechnung tragen, vor allem bei den Holzschindeln.

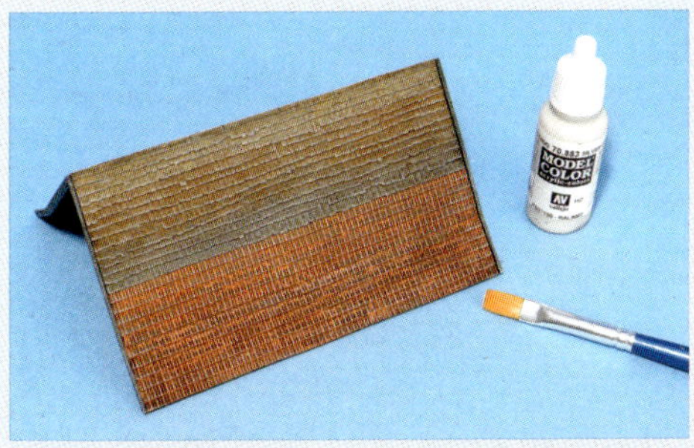

Neben einem Überzug mit schwarzer Lasur von Vallejo sorgt das Granieren dafür, dass man die feinen Gravuren der unterschiedlichen Materialien deutlicher erkennt.

Das fertige Gebäudeensemble mit dem Zubehör von der Hofseite aus betrachtet.

Witterungsspuren am Dach

Gedachterweise sind die drei Begrenzungswände aus grob geschaltem Beton, was sich wunderbar mit Schraubendrehern nachahmen lässt. Man zieht die flach aufgelegten Spitzen waagerecht und einigermaßen parallel über die weichen Platten, was dauerhafte Abdrücke hinterlässt. Zum Verkleben der unterschiedlichen Materialien kann man nicht jeden Klebstoff verwenden. Lösungsmittelhaltiger ist nicht geeignet für die Platten, Holzleim braucht ewig zum Abbinden. Also habe ich den Haftkleber von Busch benutzt. Er wird mit einem Zahnstocher in kleinen Mengen auf den Klebeflächen verteilt. Dann lässt man ihn anziehen. Ist er getrocknet, drückt man die Teile einfach zusammen. Da er abzulösen ist, kann man auch noch leichte Korrekturen vornehmen, natürlich mit Vorsicht und nicht mit Gewalt!

Und die Rückseite des Hofes. Bei dem Stallgebäude fallen die unterschiedlichen Materialien der Wände und die rückseitigen Anbauten positiv auf, während das Wohnhaus lediglich aus zwei Fassaden besteht, die auch jeweils für die gegenüberliegende Seite benutzt werden.

Der Misthaufen besteht aus einer 1 mm starken Kunststoffplatte und Seitenwänden aus dünnen Dämmstoffplatten.

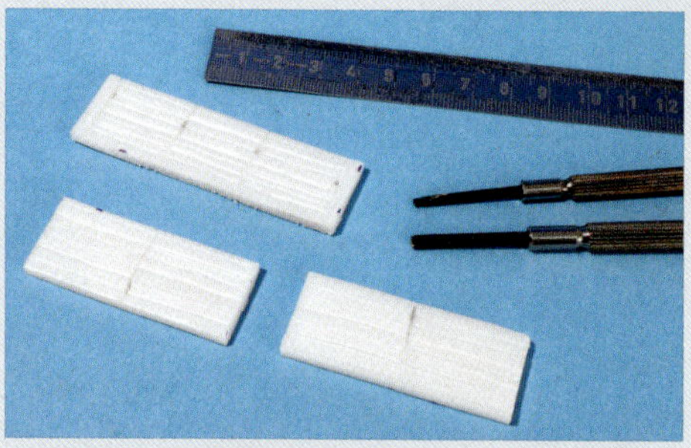

Mit Schraubendrehern drückt man waagerecht die weichen Dämmstoffplatten leicht ein. Es soll ein unregelmäßiges Muster entstehen, so, als ob die Schalung der Betonwände aus unterschiedlich breiten Brettern erfolgt ist.

Wände und Bodenplatte werden mit dem Haftkleber von Busch miteinander verbunden. Der Klebstoff wird auf die zu verklebenden Kanten gestrichen und trocknet an. Dann fügt man die Teile zusammen.

Zum Lackieren muss natürlich eine wasserlösliche Farbe benutzt werden. Hier wurde der Farbton „Medium Grey“ von Vallejo verwendet.

Zum Verwittern kommt hier für die Innenseite die Lasur „Sepia“ zum Einsatz. Auf der Mauerkrone wirkt auch ein grüner Vollfarbton nicht schlecht.

Der Misthaufen wird aus einem Stück Dämmstoff zugeschnitten und mit einer braunen Abtönfarbe gestrichen.

Die Oberfläche wird mit feinem Sand, Erde und gelben Fasern gestaltet. Das Streugut wird mit dem bekannten Leimgemisch fixiert.

Nach dem Trocknen wird die Oberfläche mit der Lasur „Sepia“ betupft, während die Struktur des sichtbaren „Betons“ durch Granieren betont wird.

■ **Ein Misthaufen darf nicht fehlen...**

Der fertige Misthaufen in der Detailansicht.

Zur Grundfärbung dient eine mittelgraue Farbe von Vallejo. Auch hier gilt: Lösungsmittel würden das geschäumte Material angreifen. Schwarze und braune Lasuren dienen zum Verwittern. Die braune Lasur wird unverdünnt im Inneren des Mists aufgestrichen. Ein wenig grüne Farbe auf den Mauerkronen imitiert feinen Bewuchs mit Moosen und Flechten.

Der Mist selbst hat einen Kern aus einer dickeren Dämmstoffplatte, die mit einem scharfen Messer zurechtgeschnitten und dann braun eingefärbt wird. Die Oberfläche wird mit feinem Sand, Erde und gelben Fasern (in der Reihenfolge) bestreut und zwischendurch schon mit dem bekannten Holzleimgemisch durchtränkt. Nach dem Trocknen träufelt man noch unverdünnte braune Lasur über die Oberfläche. Ein paar Lichtspitzen lassen die Struktur der Wände noch deutlicher sichtbar werden.

Ein Anbau entsteht

Bei nahezu jedem Gehöft wurden im Laufe der Jahre Veränderungen vorgenommen, vor allem Anbauten errichtet, weil der vorhandene Platz nicht mehr reichte. Das Aufkommen von Traktoren samt Geräten machte dies u.a. erforderlich.

Eben einen solchen Unterstand, angelehnt an eine Giebelseite des Stalls, möchte ich aus Profilen und geprägten Platten errichten. Hierzu habe ich mir eine kleine Skizze auf Millimeterpapier mit der Seitenansicht gemacht. Dies ist die einzig wichtige Ansicht, da sie die Dachneigung zeigt. Hier müssen auch mehrere Profile eben nicht (!) rechtwinklig zugeschnitten werden. Und das kann man nun direkt auf der Skizze machen.

Beim Verkleben aller Teile eines Seitenständerwerks muss man sich etwas Zeit nehmen, damit einzelne Verklebungen auch ja nicht wieder verrutschen, sonst wird das Ganze krumm und schief!

Man sollte nicht unterschätzen, wie viel Mist das liebe Vieh so produziert! Dementsprechend groß sollte der Lagerplatz dimensioniert sein, nicht weit entfernt vom Stall, aber mit größtmöglichem Abstand zum Wohngebäude.

Mittels meines berühmten Holzklotzes werden die beiden Seitenständerwerke an der Grundplatte (hier die Bastelplatte „Putz, grob" von Faller, Art. Nr. 180740) ausgerichtet und verklebt.
Nun werden die Längsträger, Pfosten und Stützen genau dazwischen eingepasst. Sie sind bereits zugeschnitten, haben aber gerne den Zehntelmillimeter mehr Länge. Diesen hebt man ggf. noch mit der Feile ab, bis das Bauteil exakt passt und die angrenzenden Teile nicht auseinanderdrückt. Zu guter Letzt werden die Balken für die Wellblecheindeckung aufgeklebt. Ist die gesamte Unterkonstruktion fertig, wird alles lackiert. Das Holz darf gerne von dunkel- bis beigebraun schattieren!
Vallejos Farben und Lasuren dienen wieder zum Patinieren und Granieren, was bei noch nicht aufgesetztem Dach erfolgt, ebenso wie die Montage einiger Kleinteile, die das Motiv neben den Gerätschaften und Traktoren mit zusätzlichen Farbtupfern ergänzen.

Weidezäune

Die Weidezäune habe ich auch selbst gebaut. Holzpfähle sind aus Ästen zugeschnitten, angespitzt und in mehreren Lackierschritten auf alt getrimmt. Sie werden in zuvor gebohrte Löcher geklebt. Den Stacheldraht aus Nähgarn zieht man dann später, nachdem die Oberfläche fertig begrünt ist.
Für drei Reihen Stacheldraht braucht man dann wieder etwas Geduld. Der Faden wird lediglich an den Enden um den Pfahl gewickelt und/oder verknotet. Überall dazwischen liegt er lediglich an den Pfählen an, so wie beim Vorbild. Nur die Krampen sind natürlich nicht nachzubilden. Hier dient Sekundenkleber als Ersatz. Häufig kommt es vor, dass man lediglich zwei nebeneinanderliegende Pfähle gleichzeitig mit Draht versehen kann. Die Pfähle sind nicht gleich ausgerichtet, obwohl sie exakt in Reihe stehen. Genau wie beim Vorbild! Ich habe mir angewöhnt, die oberste Reihe Draht zuerst zu ziehen. Die Kuh als Maß steht direkt daneben.

Saftige Weideflächen für das Vieh, eingezäunt mit Stacheldraht, und dazwischen schmale Wege, die das Hofgelände erschließen.

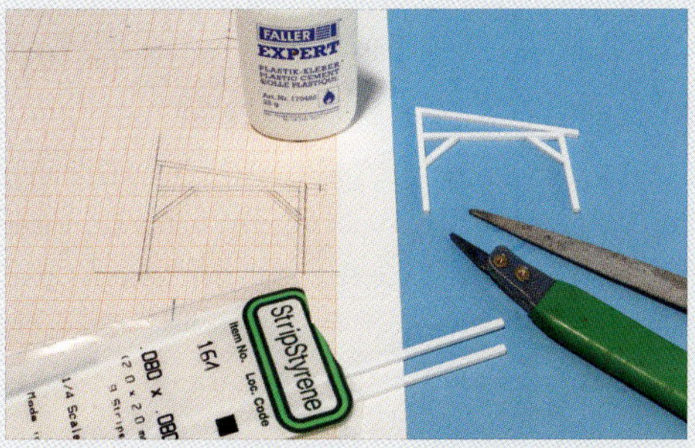

Ein Unterstand am Stallgebäude entsteht aus Profilen und strukturierten Bauplatten von Faller und BRAWA. Mit Hilfe einer kleinen Skizze lassen sich die Profile gut zuschneiden. Der Klebstoff muss abbinden, damit die Bauteile in Position bleiben.

Bodenplatte und Seitenständerwerk werden nun miteinander verklebt. Der allseits bekannte Holzklotz sorgt für den rechten Winkel.

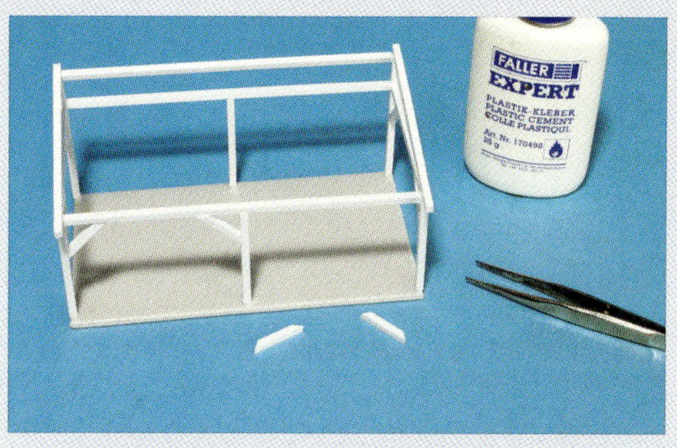

Nun können die Pfosten und Streben längsseits angepasst und verklebt werden.

Ein Anbau entsteht

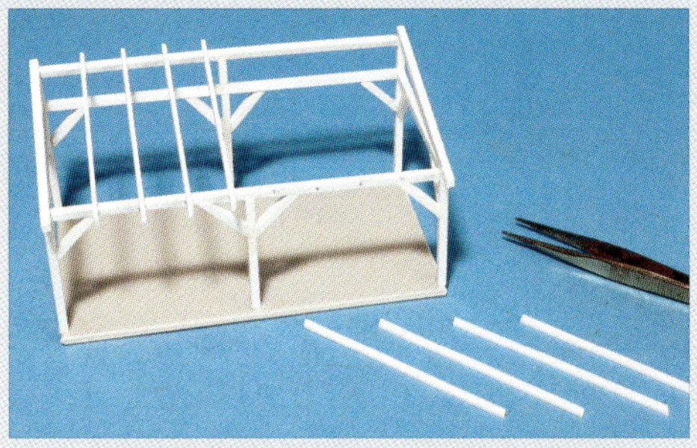

Dann folgen die Balken für die Dacheindeckung.

Nachdem das komplette Gerüst montiert ist, erfolgt die Grundlackierung mit den bekannten Emailfarben. Patina und Lichtspitzen kann man wieder mit den Acrylfarben und -lasuren von Vallejo auftragen.

Ein paar Kleinteile wie Fässer, Kisten oder Säcke, sorgen vor der Montage des Unterstands an Ort und Stelle für ein stimmiges Aussehen.

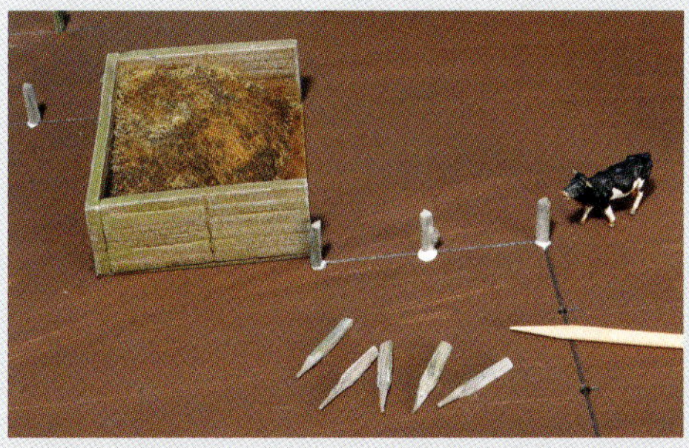

Die Zaunpfähle für die Kuhweiden sind selbst angefertigt und lackiert. Sie werden mit Holzleim in die zuvor gebohrten Löcher geklebt.

Der „Stacheldraht" entsteht aus Nähgarn. Ein Stück Faden wird an einem Ende beginnend verklebt und mit kleinen Leimzwingen auf Zug gehalten.

Zur besseren Aufteilung der Reihen wird mit der obersten begonnen. Dann arbeitet man sich unter Wahrung halbwegs paralleler Abstände nach unten vor.

Weidezäune

Das überstehende Fadenende wird nach dem Trocknen des Sekundenklebers mit einem Kunststoffseitenschneider bündig abgetrennt.

Natürlich darf ein Bauerngarten nicht fehlen. Die Pflanzen stammen aus dem Busch-Sortiment. Solche mit Bodenplatte werden zuerst mit Holzleim aufgeklebt.

Die Erdbeeren werden in ein Bett aus Sand, Erde und feinen gelben Fasern gesetzt. Ein Kunststoffstreifen hält den noch zu gestaltenden Weg frei.

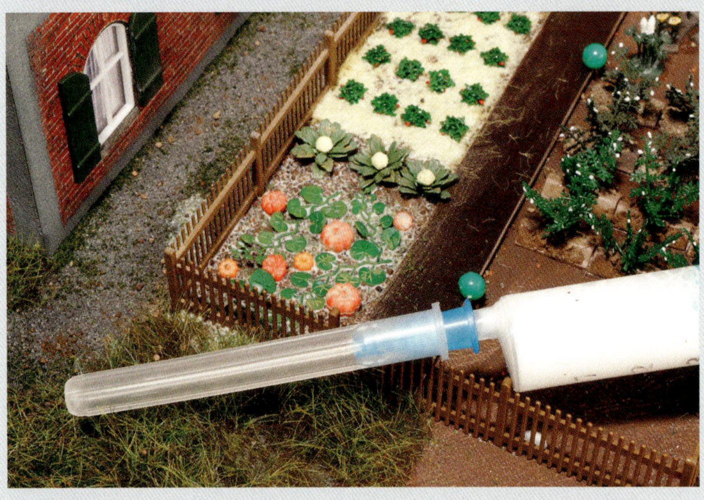

Kürbisse und Kohl setzt man direkt auf den satt mit dem Leimgemisch getränkten Untergrund.

■ **Gestalten des Gemüsegartens**

Dann entfernt man die Kunststoffplatte und streut den Weg mit feinem Sand ein. Dann folgen die Figuren, die man in den noch feuchten Untergrund steckt.

Dann kann man bei der zweiten und dritten Reihe die Abstände besser anpassen, so dass sie zwischen den Reihen etwa gleichgroß sind.

■ Gestalten des Gemüsegartens

Schließlich darf ein Bauerngarten in der Ecke zwischen Wohnhaus und Stallgebäude nicht fehlen. Er wird mit den Nutzpflanzen und Blumen aus dem Busch-Sortiment bestückt. Der Zaun stammt ebenfalls von Busch. Einige Figuren von Preiser ergänzen die Szene rund um den Garten.

Also, ich bin jetzt zufrieden mit meinem „alten“ Bauernhof. Es ist ein stimmiges Ganzes geworden. Aufgrund der mangelnden Maßstäblichkeit des Bausatzes würde ich aber dringend zu einer frühen Epoche raten, da Traktoren und Geräte der Epochen IV und später doch zu sehr verraten, dass die Türen und Tore nicht dem Maßstab 1:87 entsprechen, also zu klein sind.

Nichtsdestotrotz ein weiteres schönes Modell aus dem Hause Faller für ländliche Motive.

Die Fläche zwischen den Gebäuden ist lediglich mit Schotter befestigt. Nicht jeder kleine Landwirt konnte sich ein teures Pflaster leisten.

Ein typischer Bauerngarten darf in unmittelbarer Nähe zum Hof nicht fehlen. Hier wird alles angebaut, was die Familie zur Selbstversorgung benötigt.

Busch-Schweinestall

Paradies für das Borstenvieh

Da verkündet doch neulich einer der größten Discounter weltweit, dessen Begründer zwei Gebrüder waren, ab dem Jahre 2022 nur noch Fleisch der Energieeffizienzklasse A+++ in seinem Sortiment führen zu wollen. Es ist gut möglich, dass ich jetzt hier als (Haus-)Mann den ein oder anderen Begriff durcheinander werfe, aber diese hehre Botschaft lässt aufhorchen, wenn auch der Weg noch steinig ist und die prompten Einwände nicht lange auf sich warten ließen…

Also Tiere mit Auslauf und Frischluftgenuss. Und schon gerät man ins Grübeln, denn sollte das eigentlich nicht eine Selbstverständlichkeit sein? Der Mensch ist naiv, oberflächlich, ignorant. Man sollte wissen, wie Tiere heute gehalten werden, sonst gäbe es kein Hähnchen aus dem Tiefkühler für 2,99 €. Die Botschaft des Discounters erreicht mich just in dem Moment, als ich die letzten „Schönbilder“ für den nachfolgenden Beitrag „schieße“. Ich lächle zufrieden. Bei mir könnten die ihr Schweinefleisch schon längst kaufen. Ich brauche meinen Stall nicht mehr umrüsten. Er ist „BIO“!

Ja, ein Schweineparadies im Maßstab 1:87 und das entstand so: Ich hatte von Busch noch den Bausatz des Schweinestalls im Regal liegen. Mit dem entsprechenden Ambiente sollte so ein nettes Motiv auf einer bislang freien Fläche eines ländlichen Dioramas entstehen.
Der kleine Bausatz von Busch (1518) besteht aus dem bekannten Materialmix Holz, Karton und Kunststoff und ist unter der Rubrik „nette Feierabend-Bastelei“ einzustufen, also nicht besonders schwierig. Mit ein paar kleinen „Eingriffen“ lässt er sich aber noch ein wenig aufwerten. Hierzu zählt vor allem der Einbau der Türen in geöffnetem Zustand, der dann einen Blick ins Innere des Stalls ermöglicht.

■ Erste Schritte

Zunächst habe ich die Grundplatte mit Emailfarben gestrichen, in Betongrau für das Stallinnere und Schokoladenbraun für den offenen, überdachten Bereich. An den Innenwänden sind unter Zuhilfenahme der Außenwände die zu schneidenden Öffnungen für die Türen zu ermitteln. Werkseitig sind sie etwas schmaler ausgeführt, um eine Auflagefläche für die beiden Türblätter zu haben.
Mit einem Kunststoffseitenschneider und einer Feile ist der dicke Karton schnell in die gewünschte Form gebracht. Entgegen der Bauanleitung verklebt man die Innenwände noch nicht direkt mit der Bodenplatte, sondern benutzt diese lediglich zum exakten Ausrichten der Wände. Ist der Klebstoff getrocknet, streicht man die Innenwände (samt Laibungen) erst einmal weiß.

■ Zusammenbau und Färben

Der weitere Zusammenbau folgt dann wieder der Bauanleitung. Nicht zu vergessen sind die Farbtupfer auf Griffen und Beschlägen von Türen und Futterklappe. Die beiden Türen werden mit einem Alleskleber fixiert, wobei die Tür für die Schweine seitenverkehrt eingesetzt wird, damit man die Beschläge noch erkennen kann.
Ins Stallinnere gehört Stroh aus Fasern. Diese werden mit kleinen Mengen des bekannten Leimgemischs befestigt. Ein wenig Stroh darf auch in den überdachten Außenbereich gelangen. Nachdem die Dacheindeckung aus einem Stück abgewinkelten Kartons erfolgt ist, sollte man genau diese „Knickstelle“ am First noch mit einem schmalen

■ Erste Schritte

Teileübersicht des Bausatzes „Schweinestall“ (Art. Nr. 1518) von Busch.

Die Grundplatte des Bausatzes wird im Bereich des Innenraums betongrau (Revell Nr. 47) und im Bereich der überdachten Fläche braun (Humbrol Nr. 98) gestrichen.

Die Stalltüren sollen geöffnet eingebaut werden. Hierzu müssen die Innenwände an das Maß der Außenverkleidung angepasst werden. Seitenschneider und Feile liegen bereit.

Entgegen der Bauanleitung werden die Innenwände noch nicht direkt mit der Bodenplatte verklebt, damit man sie noch weiß streichen kann. Die Laibungen von Fenstern und Türen sollten nicht vergessen werden.

Die Außenwände aus Holz sollten beim Verkleben ein wenig Anpressdruck erhalten, damit sie überall Kontakt zum Untergrund bekommen.

Streifen Papier kaschieren. Neu mit einer Emailfarbe lackiert, dann mit Vallejo-Farben und Lasuren patiniert und graniert, wirkt das Dach sehr authentisch. Übrigens machen sich die Lichtspitzen auf dem strukturierten Holz der Außenwände auch sehr gut.

Auslauf für die Schweine

Der Auslauf für die glücklichen Schweine ist zweigeteilt. Er besteht aus einer befestigten Fläche, die ganzjährig genutzt werden kann und einem unbefestigten Bereich, in dem sich die Tiere suhlen können und auch den ein oder anderen Grashalm erwischen können.

Zunächst aber zum befestigten Bereich. Hierfür habe ich eine Kunststoffplatte mit leicht rauer Oberfläche ausgewählt, wie sie Kibri unter der Bezeichnung „Betonplatte“ im Angebot hat. Nun werden solche großen Flächen meist nicht in einem Stück gegossen, sondern bestehen aus einzelnen aneinander liegenden Beton-Rechtecken. Dies nachzuahmen, ist mit Lineal, Bleistift und den Werkzeugen Bastelmesser und Feile gar nicht so schwierig. Risse und abgeplatzter Beton können frei Hand herausgearbeitet werden. Hauptsache, man erkennt keine regelmäßigen Strukturen.

Mit einer grauen Emailfarbe grundgefärbt und dann mit den beiden Lasuren „Sepia“ und „Schwarz“ von Vallejo nachbehandelt, wirkt die Fläche schon ganz gut.

Begrenzt wird dieser Bereich durch verputztes Ziegelmauerwerk. Hierzu werden zuerst Streifen des Mauerwerks (hier Vollmer) zugeschnitten und dann mit einem Distanzstück aus einer glatten Platte zusammengeklebt, so, dass beidseitig das Mauerwerk sichtbar ist. Das Distanzstück sorgt für die entsprechende Breite des Mauerwerks. Die Öffnungen für zwei Tore sind bei der Konstruktion zu berücksichtigen. Die Maße der Tore sollten vorliegen.

Nun werden die drei fertigen Mauerelemente mit Strukturpasten von Vallejo (Vertrieb Faller) „verputzt“. Das gelingt recht gut mit der Spitze einer

Die angedeuteten Beschläge, Scharniere und Griffe werden mit einem feinen, spitzen Pinsel und hellgrauer Farbe hervorgehoben.

Die beiden Türen werden mit einem Alleskleber befestigt. Die kleine Tür wird um 180° verdreht eingesetzt, damit man die Beschläge sehen kann.

Die Einstreu für den Stall besteht aus gelben Fasern (z.B. von Noch), die mit dem bekannten Leimgemisch aus Holzleim Halt finden.

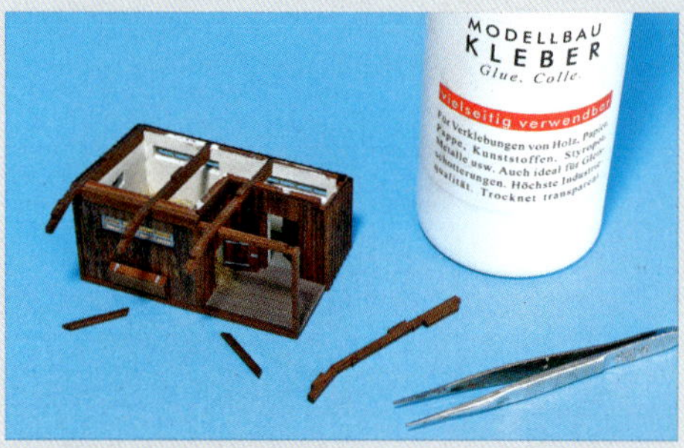

Jetzt können die Balken mit kleinen Mengen Holzleim eingesetzt werden.

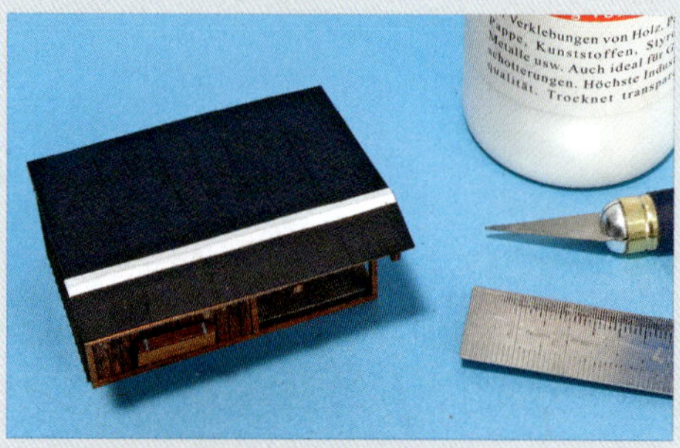

Der First wird mit einem Streifen Papier abgedeckt, damit man die Knickkante der Dacheindeckung nicht mehr sieht.

Die komplette Dachfläche wird mit einer dunkelgrauen Farbe grundiert und mit Lasuren und Farben von Vallejo gealtert und graniert.

ausrangierten Nagelfeile. Kleine Unregelmäßigkeiten wirken später ganz gut, bzw. können auch nachgeschliffen werden. Idealerweise lässt man an einigen Stellen das Mauerwerk unverputzt, so, als ob der Putz abgeplatzt wäre.
Das sichtbare Ziegelmauerwerk wird mit einer Farbbrühe bestrichen, die sich in den Fugen absetzt und den Mörtel gut imitiert. Die verputzte Flache wird mit einer Emailfarbe betongrau gestrichen. Das Ganze muss nun erst einmal trocknen. Dann habe ich das bekannte Prozedere beim Altern und Granieren mit Vallejo-Produkten angewandt. Ein wenig Grün schadet hier bestimmt nicht, vor allem auf den lediglich verputzten Mauerkronen.

Schwartenzaun und Endgestaltung

Die Einfriedung der unbefestigten Fläche erfolgt mit dem Schwartenzaun von Noch. Ich habe ihn neu lackiert und graniert. Da keine Platzbeschränkung vorliegt, konnte ich die Zaunelemente, ohne zu stückeln, aneinanderbauen.

Platziert habe ich das gesamte Ensemble auf einer Kunststoffplatte (Heki), so dass die Pfosten des Zauns einfach stumpf mit einem Plastikkleber auf den Untergrund geklebt werden können. Das „Mini-Diorama“ kann dann später als „Gesamtkunstwerk“ an der vorgesehenen Stelle eingebaut werden. Eine durchaus rückenschonende Angelegenheit.

Der fertige Schweinestall. Lichtspitzen machen sich auch ausgesprochen gut an der Wandverkleidung aus Holz.

Der Boden der Freilauffläche um das Stallgebäude entsteht aus einer Kunststoffplatte (Kibri Beton), aus der mit Messer und Feilen einzelne Betonfelder und Schadstellen herausgearbeitet werden. **I** Nach einer Grundfärbung mit einem mittelgrauen Farbton betont man die Struktur mit Lasuren von Vallejo. **I** Die Freilauffläche wird mit Streifen eines Ziegelmauerwerks (Vollmer) begrenzt. Für eine ausreichende Wandstärke werden Kunststoffstreifen zwischen die geprägten Platten geklebt.

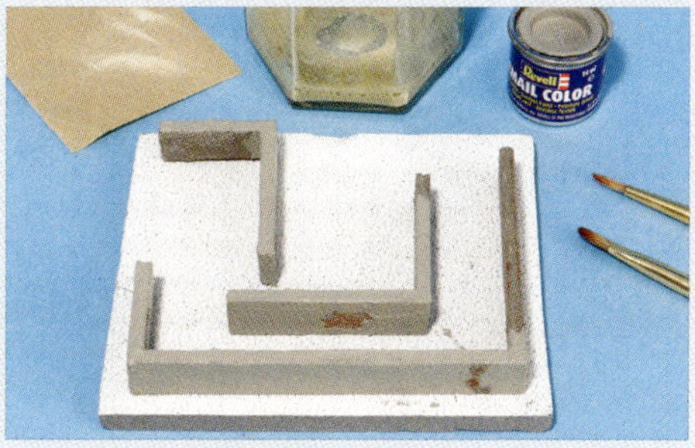

Verputzt werden die Wände mit Texturpasten von Vallejo. An einigen Stellen sollte das Ziegelmauerwerk noch zu erkennen sein!

Die getrocknete Oberfläche wird leicht angeschliffen und dann lackiert. In die Fugen des Ziegelmauerwerks streicht man verdünnte Farbe.

Das Verwittern und Granieren erfolgt wie gehabt mit Vallejo-Produkten. Ein wenig grüne Farbe auf den Mauerkronen macht sich auch gut.

Auslauf für die Schweine

Der Schwartenzaun von Noch grenzt den nicht befestigten Auslauf für die Tiere ab. Die Zaunelemente werden bereits vorab neu lackiert und graniert.

Da der Schweineauslauf als separates „Mini-Diorama" konzipiert ist, dient als Grundplatte eine dünne Kunststoffplatte, auf der nun die Zaunelemente stumpf mit einem Plastikkleber befestigt werden.

Für einen eingeplanten Baum wird ein kleiner Zaun aus Teilstücken des Schwartenzauns zusammengesetzt, damit die Schweine ihren Schattenspender nicht „fällen" können.

Schwartenzaun und Endgestaltung

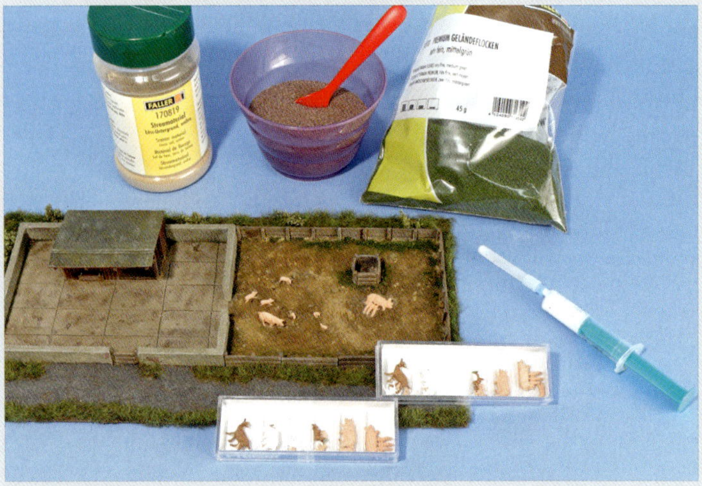

Der rechte Teil des Auslaufs wird nun mit Sand, Erde und feinen Flocken eingestreut und mit dem bekannten Leimgemisch satt durchnässt. Die Schweine von Preiser werden direkt in den feuchten Untergrund gestellt.

Nach dem Trocknen klebt man noch ein paar Grasbüschel in den Auslauf. Die kleinen Stücke platziert man am besten mit einer Pinzette.

„Tröge" aus der Restekiste werden mit Futter bestückt. Die Rübenstücke sind zerkleinerter Buchweizen, das Grünzeugs kleingeschnittene Pflanzenzweige von Busch. Geklebt wird mit einem klaren Mattlack.

Im befestigten Außenbereich werden die Tiere und die fertig bestückten Tröge mit einem Alleskleber fixiert.

In der unbefestigten Freilauffläche soll noch ein schattenspendender Baum aufgestellt werden. Er wird natürlich eingezäunt, damit die Borstenviecher mir nicht den Baum fällen.
Der Boden der Fläche wird mit feinem Sand (als fließfähige Unterlage), Erde (hier Faller) und feinen Flocken nacheinander bestreut und mit dem bekannten Holzleimgemisch durchtränkt. Übrigens darf die Oberfläche durchaus uneben sein. Das Schwein an sich wühlt gerne.
Nun sollten auch schon zügig die ersten Schweine aus dem Preiser-Sortiment in den noch feuchten Untergrund gesetzt werden. Sie sollen ja nicht später „irgendwie“ auf Erdhügeln schweben.
Ist alles getrocknet, können noch Grasbüschel hier und da verteilt werden. Tröge mit Futter machen sich auch ganz gut. Sie werden wie die Schweine auf der Betonfläche mit einem Alleskleber befestigt.

Sorry, das Telefon klingelt. Das ist bestimmt der Discounter! Er ordert vermutlich die ersten 5000 Schweine…

Detailaufnahmen des Schweinegeheges. Die Kombination der verschiedenen Werkstoffe, so verputztes Mauerwerk und Holzzaun oder die befestigte Betonfläche im Gegensatz zu dem Stück Auslauf mit Erdreich und kargem Bewuchs, machen das Motiv sehr abwechslungsreich.

Busch-Bockstall

Nichts zu meckern!

Ruhige Lage in ländlicher Umgebung, geräumige Einzelzimmer mit reichlich Fenstern, angenehmes Raumklima dank Lüftungslaterne inklusive Vollpension mit geführtem täglichen Ausgang. Was will die Ziege mehr?

Genau dieses Ambiente schafft die Fa. Busch mit ihrem Bockstall (Art. Nr. 1516) aus der Serie Modellwelt „Auf dem Land“. Ein schmuckes, kleines Gebäude mit verputzten Wänden, einer Holzverkleidung in den Giebeln, umlaufenden Fenstern, einer zweiflügligen Tür und einer Lüftungslaterne auf dem Dach.

Der Bausatz besteht in bewährter Busch-Manier aus einem Materialmix von Karton, Kunststoffen und Echtholz. Dazu gibt es eine ausführliche Bauanleitung, die keine Fragen offenlässt. Da dem Bausatz zusätzlich Trenngitter für einzelne Boxen beiliegen, bietet es sich geradezu an, den Stall zu beleuchten und einzurichten. Dies ist dann aber gleich beim Aufbau zu berücksichtigen, um Boden und Wände vorab zu lackieren oder aber auch, um zusätzliche Einrichtungsgegenstände einzuplanen. Übrigens fiel mir gleich bei der ersten Entnahme von Wandteilen auf, dass diese „butterweich" aus dem Rahmen zu drücken sind. Ein Messer ist gar nicht erst nötig. Öffnungen für Fenster und Zapfen werden mit einem kleinen Schraubendreher durchgedrückt. Kurz mit einer Feile die Grate abziehen und das Bauteil kann verbaut werden, so es nicht lackiert werden muss!

Zusätzliche Innenraumgestaltung und Tipps zur Farbgebung

Mittels eines provisorischen Aufbaus erkennt man nun, welche Seite der Innenwände ins Stallinnere zeigt und somit lackiert werden muss. Die beiden Löcher für die Kabelführung liegen recht ungünstig auf der gegenüberliegenden Seite der Tür und sind somit später sichtbar. Sie werden mit Revell-Plasto verschlossen und später plangeschliffen. Ein neues Loch für die Kabel wird mit dem Bastelmesser in die Ecke der Türseite gebohrt.
Nun werden die Wände, auch die Kunststoffaußenwände, die Bodenplatte und die Boxengitter lackiert. Die weiße Farbe wird auf die Wände aufgetupft, damit keine Schlieren entstehen. Weiß deckt leider nicht optimal.
Der weitere Zusammenbau erfolgt laut Bauanleitung mit kleinen Mengen Holzleim oder dem Modellbaukleber vom Hersteller selbst, der nichts anderes als Holzleim ist. Zum Auftragen des Klebstoffs bedient man sich eines Zahnstochers oder Fleischspießes. Ein wenig knifflig ist die Montage der Pfosten der Gitter in der Bodenplatte, da die Gitter bereits mit der Wand verzapft sind und zudem der Träger für die Beleuchtung verklebt ist. Diese Wand wird erst nachträglich an den Eckverbindungen mit den Giebelwänden verklebt.
Nachdem die Fensteröffnungen mit der dünnen Folie „verglast" sind, können die Außenwände aus Kunststoff aufgeklebt werden. Da hier ein Kunststoff mit Karton verbunden werden muss, sollte man auf einen Alleskleber zurückgreifen. Ich habe hier probehalber den Haftkleber von Busch benutzt, der auch später noch für die Befestigung der Dacheindeckung Verwendung findet. Leimzwingen halten die Wandteile in Position.

Bodenplatte und Innenwände legt man sich zurecht, um zu sehen, welche der Seiten nach innen zeigt. Diese werden lackiert.

Die beiden Löcher in den beiden hinteren Ecken der Bodenplatte werden mit Revell-Plasto verschlossen. Ein neues Loch für die Durchführung der Beleuchtungskabel wird in der nicht einsehbaren Ecke neben der Tür mit einem Messer eingelassen.

Innenraumgestaltung und Tipps zur Farbgebung

Wände, Bodenplatte und Trenngitter werden lackiert. Die Farben werden mit einem Pinsel aufgetupft, was die Struktur der Teile betont.

Nachdem die Wandteile zusammengesetzt sind, werden die Pfosten der Trenngitter mit einer Pinzette in die entsprechenden Löcher der Bodenplatte gesteckt.

Abschließend streicht man noch kleine Mengen Holzleim auf die verzapften Ecken und wischt überschüssigen Klebstoff ab.

Die Fensterverglasung erfolgt mit zugeschnittenen Streifen der dem Bausatz beiliegenden dünnen Klarsichtfolie.

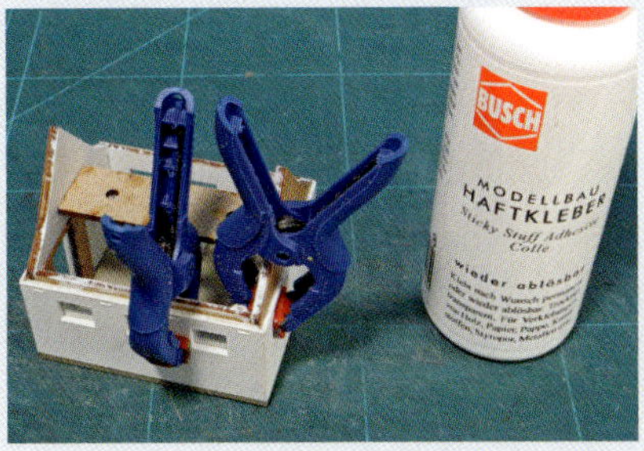

Die Außenwände habe ich mit dem Busch-Haftkleber befestigt. Kleine Leimzwingen fixieren die Wandteile bis zum Abbinden des Klebstoffs.

Vor dem weiteren Zusammenbau werden einzelne Bauteile nach eigenen Wünschen neu lackiert oder mit stark verdünnter rotbrauner Farbe (Humbrol Nr. 62) lasiert.

Die Türbeschläge werden mit einer hellgrauen Farbe hervorgehoben. Ein feiner, spitzer Pinsel ist dazu unbedingt notwendig. Das Kupferdach der Lüftungslaterne wird nass in nass olivgrün und türkis – mit von oben nach unten geführtem Pinsel – gestrichen.

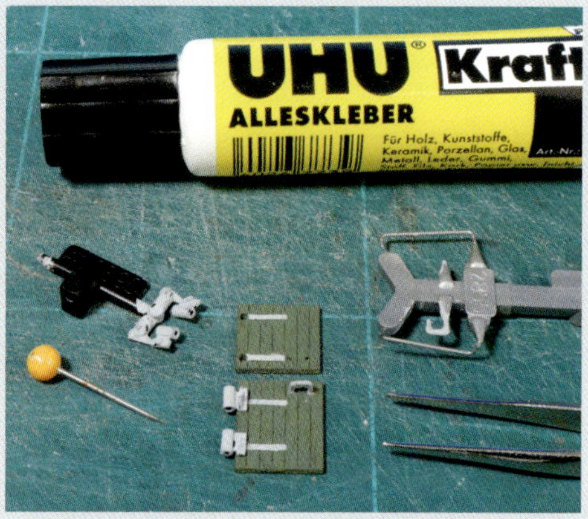

Die vorlackierten Türbeschläge und Griffe werden mit einem Alleskleber fixiert. Mit einer Stecknadel durchstößt man die winzigen Löcher für die Türgriffe.

Das Altern und Granieren des gesamten Stalls erfolgt mit wasserlöslichen Acrylfarben (hier z.B. von Vallejo) und diversen Pinseln unterschiedlicher Größe.

Heuraufen lassen sich recht gut aus Zaunstücken (hier Busch Art. Nr. 6007) anfertigen. Kunststoffprofile als Distanzstücke oben angeklebt ermöglichen es, die Raufe schräg zur Wand zu montieren.

Die Montage der Raufen an der Längswand erfolgt mit einem Alleskleber. Ein untergelegtes Holzprofil sorgt für eine exakt gleichmäßige Ausrichtung in der Höhe.

Die Raufen füllt man mit farblich passenden Fasern, während die Einstreu aus gelben Fasern und feiner Gartenerde entsteht. Zum Kleben dient das bekannte Gemisch aus Holzleim, Wasser und Spülmittel.

Zum Schluss ziehen die Ziegen aus dem Preiser-Sortiment (Art. Nr. 14162) ein. Sie werden mit einem Alleskleber fixiert.

Bei dieser aufwendigen Inneneinrichtung sollte der Stall auch beleuchtet sein. Hierzu kann man die weißen Leuchtdioden von Busch (Art. Nr. 5987) benutzen. Die Löcher in der Querstrebe sind exakt für die Größe der Dioden ausgelegt.

Der Bockstall in einem fertigen Motiv. Denkbar ist die Verwendung auf einem Gehöft, aber auch an einem Wohnhaus mit der Ziegenhaltung für den Eigenbedarf. Viele Gebäude und Zubehörteile aus der Busch-Serie Modellwelt „Auf dem Land" lassen sich stilecht mit dem Bockstall kombinieren.

Jetzt stehen erst einmal weitere Lackierarbeiten an, sofern man die weiteren Bauteile individuell gestalten möchte. Ich habe hier das Holz etwas aufgehellt, Fensterrahmen und Tür grün gestrichen, Fensterbänke in Ziegelrot gefärbt und die Scharniere und Griffe der Tür grau lackiert. Die Beschläge an den Türen müssen mit einem feinen Pinsel vorsichtig nachgezogen werden. Das Dach der Lüftungslaterne soll aus Kupfer bestehen und wird dementsprechend nass in nass olivgrün und türkis gestrichen.

Es schließt sich die weitere Montage der Kleinteile an. Das Dach besteht als separate Baugruppe aus einer stabilen Kartonkonstruktion. Bei der Montage des „Dachstuhls" sind Leimzwingen recht hilfreich. Wie bereits eben erwähnt, wird zur Befestigung der Dacheindeckung der Haftkleber von Busch benutzt. Hier ist zu beachten, dass man mit dem Klebstoff nicht kleckert, da er seine Klebekraft nach dem Trocknen nicht verliert, also permanent haftet!

Das letzte Farbfinish am Gebäude selbst und natürlich am Dach erfolgt mit Farben und Lasuren von Vallejo. Unterschiedlich große Pinsel liegen für diese Arbeitsschritte bereit.

Ich hatte mir überlegt, dass sich Heuraufen an den Wänden gut machen würden. Sie wären auch später immer noch gut sichtbar im Gegensatz zu Dingen, die lediglich auf dem Boden aufgestellt würden. Die Raufen lassen sich rasch aus Teilen des Lattenzauns von Busch (Art. Nr. 6007) herstellen. Sie werden noch um zwei Kunststoffprofile ergänzt, die als Abstandshalter fungieren. Geklebt wird hier mit einem stark lösenden Klebstoff, damit die Teile schnell Haftung finden.

Die Raufen klebt man nach dem Lackieren stumpf mit einem Alleskleber an die Längswand, die auch die Trenngitter trägt. Passende Fasern imitieren das Heu. Der Boden erhält seine Einstreu aus „goldgelben" Fasern von Noch. Feine Erdklumpen stellen die „Hinterlassenschaften" der Ziegen dar. Zum Kleben kann man das Holzleim-Gemisch verwenden.

Zum Schluss können die Bewohner in Form der Preiser-Ziegen einziehen. Sie werden mit einem Alleskleber fixiert. Eine gebogene Pinzette hilft bei der Montage. Zur Beleuchtung des Stalls können z.B. die LEDs von Busch (Art. Nr. 5987) verwendet werden. Die Querstrebe im Giebel ist mit ihren Löchern exakt für die Größe der Dioden ausgelegt.

Die Inneneinrichtung des Bockstalls macht sich bei eingeschalteter Beleuchtung wirklich gut. Die zusätzliche Arbeit hat sich gelohnt.

Blick in den beleuchteten Bockstall von Busch. Was fotografisch nur bedingt festzuhalten ist, wird für das bloße Auge zu einem echten Hingucker. Man kann den Blick nämlich schweifen lassen!

Buschs Reiterhof-Stallung

Garage für drei PS

Es gab Zeiten in der Landwirtschaft ganz ohne Traktoren und hilfreiche Erntemaschinen. Da mussten Menschen und Tiere die ganze Arbeit verrichten. Die Traktoren übernahmen erst mit und ab zirka den 20er-Jahren des 20. Jahrhunderts mehr und mehr die Arbeit auf den Feldern. Lanz, Hanomag und auch Deutz sind hier als allseits bekannte Traktoren- bzw. Schlepper-Produzenten zu nennen.
Und vorher? Da „schleppten" Pferde und Ochsen die Pflüge, Eggen oder Karren. Wobei nicht davon auszugehen ist, dass sich jeder Bauer gleich einen Schlepper hat leisten können. Also wird er seine Arbeit auch ohne die knatternden Ungeheuer wie gewohnt weiter mit den Tieren verrichtet haben!
Eine eigene „Garage" in Form eines Pferdestalls für drei PS macht sich denkbar gut auf einem Bauernhof, der vom Baustil erkennbar in die Zeit vor der „maschinellen Revolution" in der Landwirtschaft passen würde.

Ich hatte mir bereits für ein Diorama zum Thema das Bauernhaus von Busch mit angebauter Scheune ausgesucht. Nun sollte es doch auch etwas Passendes von diesem Hersteller für die Unterbringung der Zugpferde geben. Unter dem Oberbegriff „Reiterhof" findet man hier die „Stallung" (Art. Nr. 1403), die vom Stil her exakt das ausgewählte Gebäude ergänzen würde.

Der nun bekannte doppelwandige Aufbau der Bausätze ist bewährt und überaus stabil. Die Innenwände bestehen aus stabilem Karton, die Außenwände je nach Materialdarstellung aus Holz, Karton oder Kunststoff.

Einbau von drei Pferdeboxen

Aufgrund der vielen Türen rund um das Gebäude hatte ich schnell beschlossen, in dem Stall drei Boxen einzurichten. Für mehr ist dann auch schon kein Platz mehr. Eine Beleuchtung sorgt schließlich dafür, dass man auch ganz sicher die Mühe der Ar-

Einbau von drei Pferdeboxen

Die Innenwände, die Gefachefüllungen und die Bodenplatte werden vorab mit Emailfarben in Weiß und Grau grundlackiert.

Die Boxen für die Pferde entstehen aus Ziegelsteinplatten (Kibri), Bretterplatten (BRAWA) und Zaunelementen (Faller).

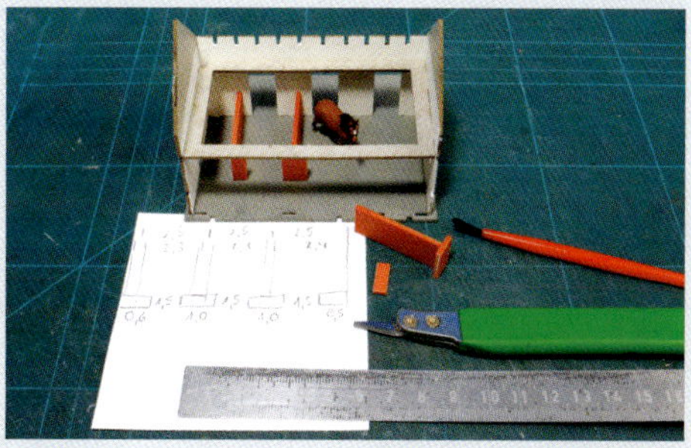

Die (einheitliche) Boxenbreite wird bestimmt. Hierzu notiert man die Maße auf einem Blatt Papier und schneidet dann die Ziegelsteinplatten aus.

Die Boxengitter entstehen aus zurechtgeschnittenem Eisenzaun (Art. Nr. 180412). Deren Höhe ist durch den Deckenrahmen des Bausatzes definiert.

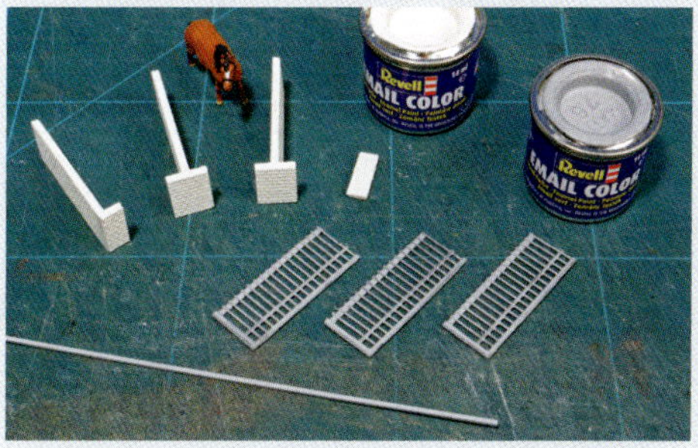

Boxenwände und Gitter werden vor dem weiteren Zusammenbau lackiert. In Gitterfarbe streicht man noch ein Profil mit den Maßen 1 x 1 mm.

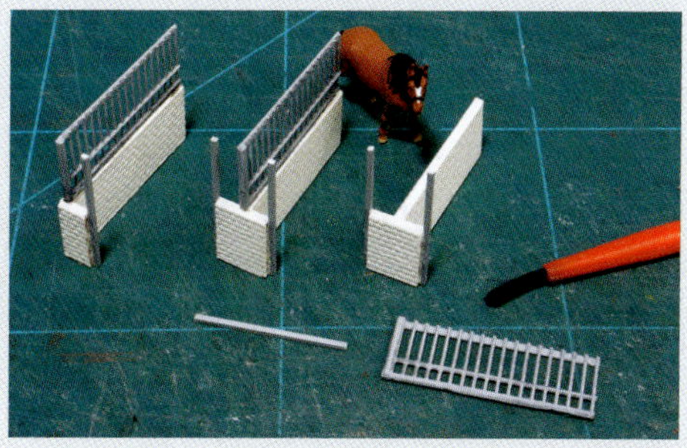

Aus dem Profil entstehen die Pfosten für die Türen der Boxen. Die Längsgitter können nun stumpf mit dem Mauerwerk verklebt werden.

Die Boxentüren werden aus Bretterplatten zugeschnitten, lackiert und gegen die Pfosten geklebt. Die geprägte Seite zeigt dabei in das Boxeninnere.

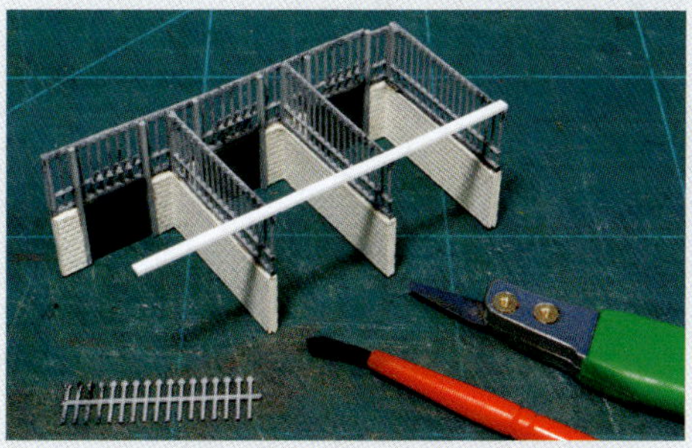

Ein 2 x 1 mm starkes Profil dient zur Stabilisierung. Dann schneidet man die Heuraufen aus den überschüssigen Zaunteilen zu und klebt sie fest.

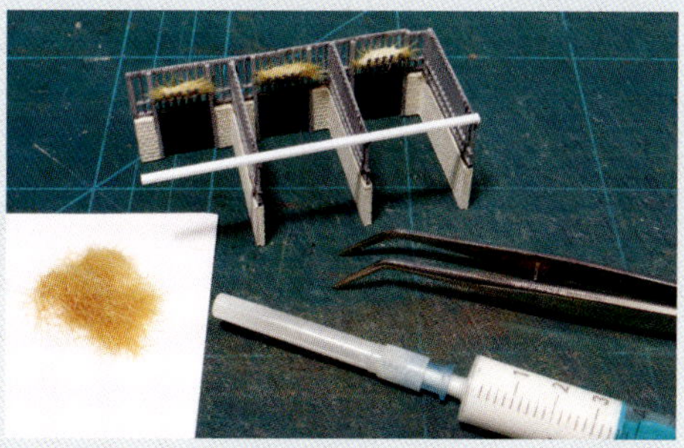

Die Gitter werden teilweise nachlackiert, ehe das Heu in Form von Fasern mit dem bekannten Holzleimgemisch in die Raufen geklebt wird.

Nachdem die Inneneinrichtung fertiggestellt ist, kann das Fachwerk aufgeklebt werden. Hierzu benutzt man den Modellbaukleber von Busch bzw. handelsüblichen Holzleim.

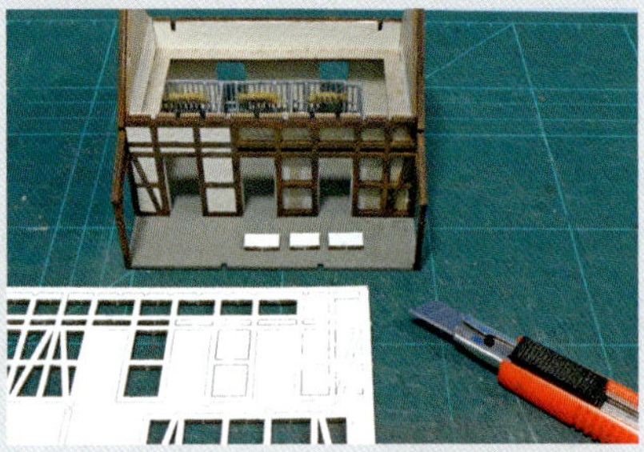

Dann werden die Gefachefüllungen aus dem Rahmen getrennt, sortiert abgelegt und dann ebenfalls mit Holzleim fixiert.

Endmontage

Die Einstreu für die Boxen besteht aus Fasern, die mit dem bekannten Holzleimgemisch fixiert werden. Die Pferdeäpfel sind etwas dickere Körner gesiebter Gartenerde.

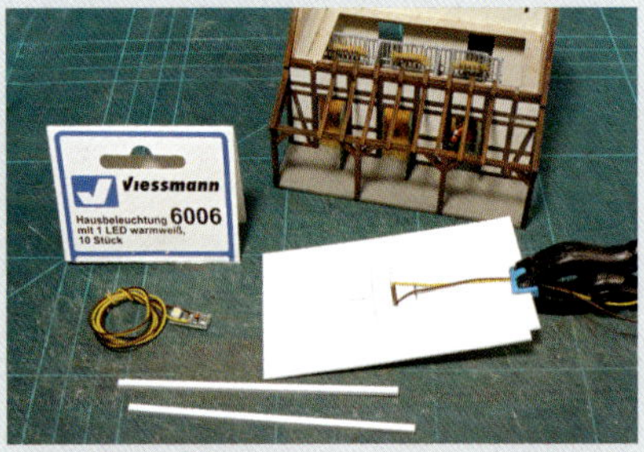

Eine warmweiße LED (Viessmann) dient als Beleuchtung. Die kleine LED-Platine wird in eine Kunststoffplatte eingelassen. Zwei Profile dienen als Träger für die Deckenplatte.

Ein paar gestapelte Strohballen entstehen aus einem Stück zurechtgeschnittener Dämmstoffplatte.

Das Verwittern und Granieren insbesondere der Dachfläche erfolgt mit Farben und Lasuren von Vallejo.

Besen, Mistgabel, Schubkarre und Ballen werden mit mattem Klarlack bzw. im Falle der Ballen mit Holzleim unter das Vordach der Boxen geklebt.

Die Nahaufnahme bei eingeschalteter Beleuchtung zeigt, dass sich die Mühe mit der Inneneinrichtung gelohnt hat. Die Details sind gut zu erkennen.

beit später noch betrachten kann. Gleich vor der Montage der Innenwände müssen diese lackiert werden. Der provisorische Aufbau sorgt für Klarheit, welche der beiden Seiten einer Wand nach innen zeigt. Diese wird nun weiß gestrichen. Ggf. wiederholt man den Anstrich, da Weiß nicht immer optimal deckt. Wenn dieser Farbton schon einmal geöffnet ist, kann man die Füllungen der Gefache bereits im Rahmen mit lackieren. Die Bodenplatte erhält einen betongrauen Anstrich.

Drei der vier Wände können nun mit der Bodenplatte verklebt werden. Der Zwischendeckenrahmen wird ebenfalls eingesetzt. Lediglich die Rückwand wird zunächst beiseitegelegt.

Aus Ziegelsteinmauerplatten (Kibri), Bretterplatten (BRAWA) und Zaunelementen (Faller) sollen nun die Boxen entstehen. Die drei Türen auf der Vorderseite des Stalls müssen natürlich bei der Aufteilung der Zwischenwände berücksichtigt werden. Ein Pferd von Preiser hilft zusätzlich die Höhe von Mauerwerk und Gitterabtrennung festzulegen. Der Deckenrahmen stellt die obere Begrenzung dar. Die genauen Maße der „Boxengasse" (wo habe ich diesen Begriff doch nur her? Auf jeden Fall in Zusammenhang mit sehr viel mehr PS…) zeichnet man sich auf einem Blatt Papier auf, unter Berücksichtigung der Materialstärken. Streifen des Ziegelmauerwerks schneidet man aus der Platte aus, längt sie entsprechend ab und verklebt sie mit einem schnell abbindenden Klebstoff mit den geprägten Seiten nach außen zusammen.

Die Zaunelemente müssen sinnig eingekürzt werden, damit sie auf jeden Fall eine ausreichende Klebefläche zum Mauerwerk erhalten. In dem Zusammenhang ist die Gesamthöhe der Box zu berücksichtigen. Ein waagerecht aufgeklebtes Kunststoffprofil gibt den nach oben nicht mehr verbundenen Gitterstäben wieder Stabilität. Nachdem die Gitter in der Länge dem Mauerwerk angepasst sind, wird beides grundlackiert. Zusätzlich wird ein Kunststoffprofil ebenfalls in Gitterfarbe lackiert. Dieses Profil dient als Anschlag für die zweiflügligen Türen an den Boxen. Die eingekürzten Profilstücke klebt man dann stumpf an das Mauerwerk. Die untere Hälfte der zweiflügligen Innentüren wird aus Bretterplatten zugeschnitten, lackiert und dann mit der geprägten Seite Richtung Box hinter die Profile geklebt. Die Gitter entlang der Türen werden angepasst, ohne allerdings auf eine Öff-

nung für den jeweiligen Türbereich zu achten. Dies fällt später gar nicht mehr auf.
Die an der Tür befestigten Futterraufen bestehen aus Reststücken des Zauns und werden ohne weitere Verbindungsstreben lediglich unten schräg an die Gitter der Türen geklebt. Ein stark lösender Klebstoff (z.B. von Kibri) leistet hier gute Dienste. Schließlich wird zur Stabilisierung der Seitenwände ein Profil über die Gitter geklebt. Auf die rechten Winkel ist zu achten. Die Gitterstäbe sollten mit leicht verdünnter Farbe nachlackiert werden. Durch den Klebstoff ist das Farbbild nicht mehr einheitlich.
Die Heuraufen sollte man noch vor der Montage der Boxen im Gebäudeinneren befüllen. Ich habe hier Fasern von Noch verwendet, die zunächst mit einer Pinzette platziert und dann mit ein wenig des bekannten Holzleimgemischs fixiert werden. Nun kann man die komplette Inneneinrichtung verkleben. Einige der Bauteile des Bausatzes werden vor dem Einbau mit den bekannten Emailfarben farblich abgewandelt oder ergänzt. Außerdem wirkt es immer gut, Kleinteile wie Griffe oder Beschläge an den Türen mit Farbe abzusetzen.

Endmontage

Die weitere Montage erfolgt gemäß der Bauanleitung. Lediglich die beiden das Gebäudeinnere querenden Balken bleiben zunächst nur lose aufgelegt. Grund hierfür ist zum einen die Einstreu aus Fasern und Erde und zum anderen die Deckenplatte mit einer eingebauten LED (Viessmann) zur Beleuchtung des Pferdestalls. Damit die Deckenplatte nicht zu dicht über den Boxen hängt und somit die Lichtverteilung nicht optimal ist, wird sie auf zwei Kunststoffprofile, die an den Giebelwänden zu befestigen sind, gut 1 cm über dem Rahmen des Bausatzes geklebt. Die Deckenplatte selbst hat ihren Zweck alleine darin, den Lichtaustritt in den Giebel und damit durch Nähte an den Übergängen zwischen Wänden und Dach zu verhindern.
Zur Ergänzung des Motivs habe ich noch Mistgabel und Besen, eine Schubkarre, beladen mit Mist, sowie einen selbstgefertigten Stapel von Strohballen unter das Vordach des Gebäudes geklebt. Der Kaltblüter in einer der Boxen stammt von Preiser und wurde natürlich vor der Montage der Zwischendecke und des Dachs platziert.

Die Pferdestallung als Teil eines Bauernhofes auf einem Diorama.

Moderner Faller-Kuhstall

Aus zwei mach eins

Heute muss ein Landwirt schon viele Tiere halten, um (halbwegs) rentabel wirtschaften zu können. Lange vorbei sind die Zeiten, als ein landwirtschaftlicher Betrieb mit 20, 30 oder 40 Milchkühen sein Auskommen hatte. Die Menge, besser gesagt die Masse macht´s heutzutage! Ob er will oder nicht! Also sind die Stückzahlen heute locker dreistellig. Hinzuzurechnen ist dann noch der Nachwuchs, der bei einem Bestand von 200 Stück Milchkühen auch mal eben an die 40 Tiere sein kann. Und diese riesigen Tierbestände müssen natürlich untergebracht werden. Da sind schon beachtliche Stallanlagen vonnöten.

Bei meinem Projekt „Moderner Bauernhof“ mit den diversen Artikeln von Faller zu diesem Thema fiel mir gleich auf, dass das Stallgebäude eigentlich gar nicht mal so klein ist, aber kaum dem Platzbedarf eines heutigen Betriebs mit Milchwirtschaft gerecht werden könnte.

So war der Entschluss schnell gefasst, aus zwei Gebäuden gleich mal ein großes zu basteln, ohne allerdings zu wissen, ob seitens des Herstellers hierfür irgendwelche Vorkehrungen getroffen worden sind, die sich in Form von Sollbruchstellen oder Übergangsstücken rasch präsentiert hätten. Hat er (der Hersteller) natürlich nicht! Macht aber auch nichts, dachte ich beim Betrachten der Bauanleitung so vor mich hin, dann muss ich wohl ein wenig mehr Arbeit in das Projekt „großer Kuhstall" investieren als angedacht.

Vorbereiten von Böden und Wänden

Zunächst nahm ich mir die beiden Grundplatten zur Hand. Offensichtlich kann man mittig einen Fahrdraht für das Car-System verlegen. Mach ich nicht. Also wird diese Nut gleich einmal mit einer Spachtelmasse verschlossen. Um möglichst wenig davon rechts und links der Vertiefung zu verteilen, habe ich Klebefilm in kurzem Abstand abgeklebt. Nachdem der Füllspachtel getrocknet und geschliffen worden ist, kann man die Grundplatte in den Farbtönen „Beton" (z.B. Nr. 75 von Revell) bzw. „Stall-Rost-Grau" (z.B. Nr. 57 von Revell) lackieren. Ein aufgeklebter Klebefilm sorgt an einer (vorhandenen) Kante dafür, dass man nicht aus Versehen die falsche Fläche anpinselt. Anpassen kann man die beiden Platten aber noch nicht. Dazu müssen die Maße der Wandteile exakt feststehen.

Die Wandteile, Türen und Torflügel sowie die Träger werden bereits in den Rahmen lackiert. Hierbei fällt bereits auf, dass die Materialstärke der Wände recht dünn ist, was nicht zum Vorteil einer möglichen Beleuchtung ist.

Gemäß der Bauanleitung setzt man dann Tragrahmen, Wandelemente und Fenster zusammen und achtet genau auf die Anordnung der Rahmenteile, damit die Symmetrie beim weiteren Zusammenfügen gewahrt bleibt. An einem Rahmen zum Übergang auf die zweite Stallhälfte muss der Steg eines Rahmens abgetrennt werden. Dann passen

Die Stallung des modernen Bauernhofs hat schon beachtliche Dimensionen, auch wenn sie im Vergleich zu manch real existierenden Anlagen gar nicht einmal so groß ist. Gerade der Außenbereich mit den Tieren sorgt deutlich für mehr „Leben".

Aus zwei mach eins! Das dem Bausatz „Landwirtschaftlicher Betrieb“ von Faller beiliegende Stallgebäude wird um ein zweites Gebäude erweitert, das unter der Bezeichnung „Stallung“ im Faller-Sortiment angeboten wird.

Die Bodenplatten der Bausätze sind längsseitig mit einer Nut versehen, so dass man theoretisch auch das hauseigene Car-System durch den Stall führen kann. Dies ist hier nicht vorgesehen. Deshalb wird die Nut mit Revell-Plasto verschlossen.

Nachdem die verspachtelte Fläche geschliffen wurde, können beide Platten mit Emailfarbe grundlackiert werden. Klebeband sorgt dafür, dass man nicht ungewollt über die vorgesehene Kante hinübermalt.

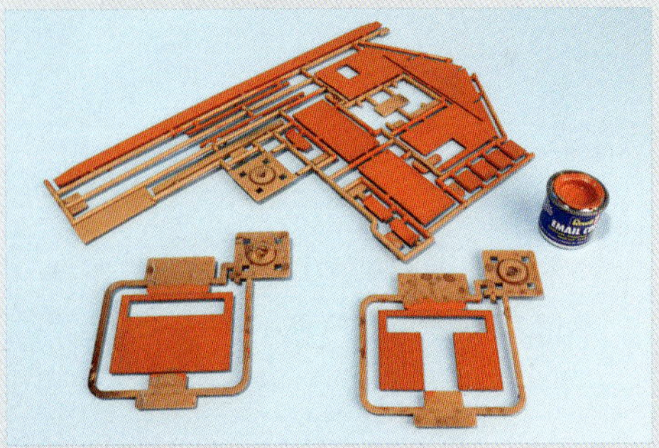

Wie üblich werden die Bausatzteile mit Emailfarben neu lackiert. Größtenteils geschieht dies bereits in den Rahmen.

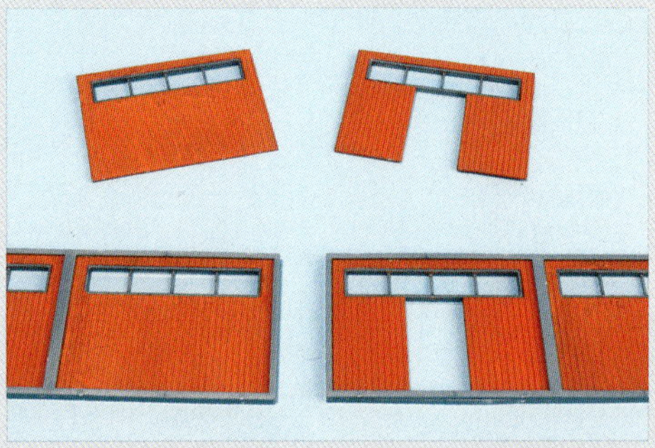

Die Wandteile werden gemäß der Bauanleitung zusammengesetzt. Dabei dürfen die Rahmenteile nicht vertauscht werden, damit ein einheitliches Bild entsteht.

An den Übergängen der zwei Stallgebäude muss ein senkrechter Pfosten zugeschnitten werden, um die Symmetrie zu wahren.

Die Wandelemente werden so zusammengesetzt, dass sich die Türen auf der Längsseite gegenüberliegen.

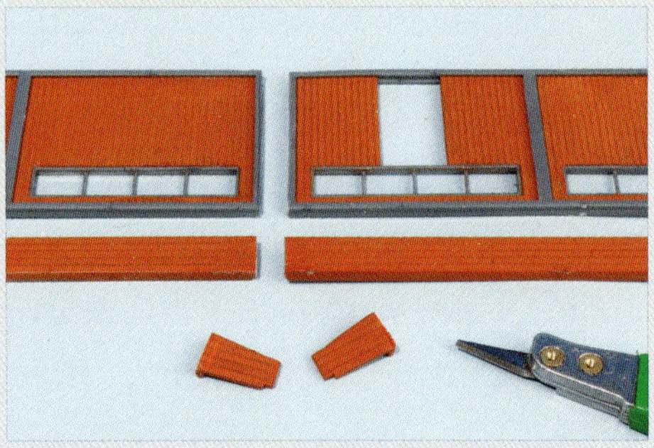

Die beiden Trägerbalken für eine Gebäudeseite müssen ebenfalls zugeschnitten werden. Dies geschieht am besten erst, wenn die exakte Länge der Wand feststeht.

Nun können auch die beiden Bodenplatten exakt zugeschnitten werden.

Vorbereiten von Böden und Wänden

die senkrechten Träger wieder ins Gesamtbild. Bei der gegenüberliegenden Längswand werden die Wandteile so eingesetzt, dass sich die Türen auf beiden Wandseiten genau gegenüberliegen!

Jetzt, da die genaue Länge der Wände feststeht, kann man auch die Holzträger und die Grundplatten zuschneiden. Die Teile sind nun inklusive der Stirnwände rasch miteinander verklebt.

Einbau einer Inneneinrichtung

Faller bietet für den Stall auch eine „Stall-Inneneinrichtung“ an, der man wahlweise Pferdeboxen, aber auch Gitterelemente und Tore für die Kuhhaltung entnehmen kann. Die Teile werden in vorbereitete Vertiefungen geklebt und sind somit gerade ausgerichtet.

Da ich beschlossen hatte, das Stallinnere mit weiteren Details zu versehen, war klar, dass die Türen in geöffnetem Zustand aufzukleben sind, was allerdings in der Praxis recht „blöd“ aussieht, da die Türen keinerlei Führung besitzen und im wahrsten Sinne des Wortes wie vor die Wand geklebt wirken. Diese „Führung“, eigentlich nur eine Abdeckung für selbige, ist rasch aus Winkelprofilen aus dem Vollmer-Sortiment zugeschnitten und über Tür und Türöffnung geklebt.

Zwischenzeitlich kann man sich schon einmal mit dem Dach beschäftigen. Auch hier muss genau über die Schnittkanten nachgedacht werden, damit sich zum einen die Abfolge der Ziegel nicht ändert bzw. dass die Gesamtlänge des Konstrukts genau auf die Fixpunkte der Giebelwände passt. Ein Stück Kunststoffplatte dient zur Stabilisierung der ansonsten stumpf verklebten Dachhälften.

Kurioserweise sind die Dächer der beiden Stallgebäude einmal gealtert und einmal unbehandelt, was gleich mal bedeutet, dass man das gesamte Dach besser neu grundlackiert, da man die Farbtöne kaum angeglichen bekommt. Zudem muss die winzige Nahtstelle, die mit wenig Holzleim verschlossen wurde und nun glänzt, nachlackiert werden.

Verwittern und Granieren erfolgt wie üblich mit den bekannten Verdächtigen von Vallejo, wobei hier zur Auflockerung etwas grüne Farbe ins Spiel kommt, die Moose und Flechten recht gut imitiert.

Ich hatte mir in den Kopf gesetzt, einen Melkstand für den Stall zu bauen. Der benötigte Platz war auch freigehalten worden bzw. hatte sich bei der Anordnung der Gitter und Tore so ergeben. Meine Bildrecherche im Internet zum Thema Melkstand führte nicht zu einem wirklich brauchbaren Ergebnis, zu groß, zu rund, zu unterschiedlich usw. Also habe ich mir aus all diesen Eindrücken ein Bild gemacht, wie ein Melkstand, zumindest stilisiert, für meinen Kuhstall aussehen müsste.

Da kamen mir die überzähligen Teile aus der Stall-Inneneinrichtung sehr gelegen. Dazu kommen

Faller bietet für die Stallung auch eine Inneneinrichtung an, die wahlweise Boxen und Gitter für Pferde oder Kühe beinhaltet. Eine LED-Lichtleiste liegt ebenfalls bei. Für dieses Projekt werden zwei Bausätze benötigt.

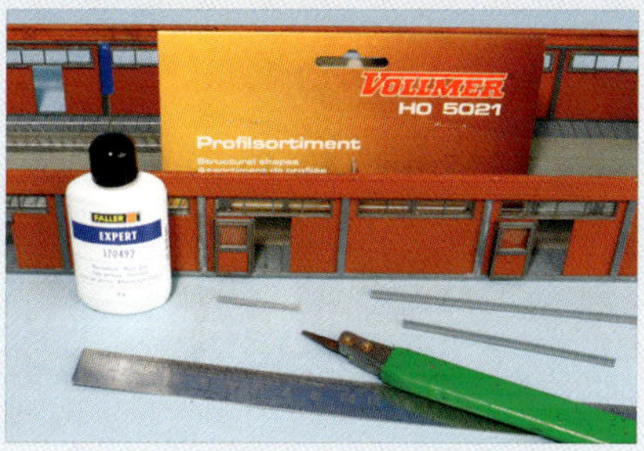

Die Türen werden geöffnet eingebaut, was allerdings eine Art „Führung“ sinnvoll erscheinen lässt. Ansonsten hängen die Türen lediglich vor der Wand! Diese „Führung“, eine Abdeckung für selbige, entsteht aus Winkelprofilen aus dem Sortiment von Vollmer.

Aus Profilen, geprägten und glatten Platten sowie aus Restteilen der „Stall-Inneneinrichtung“ soll ein Melkstand entstehen.

Einbau einer Inneneinrichtung

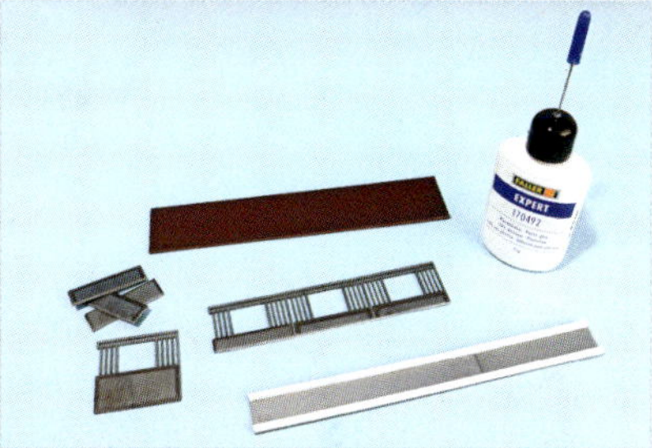

Die später leicht erhöhte Lauffläche für die Tiere entsteht aus Riffelblech (Kibri), das mit Profilen unterstützt wird, während eine Rückwand aus einer Kunststoffplatte entsteht.

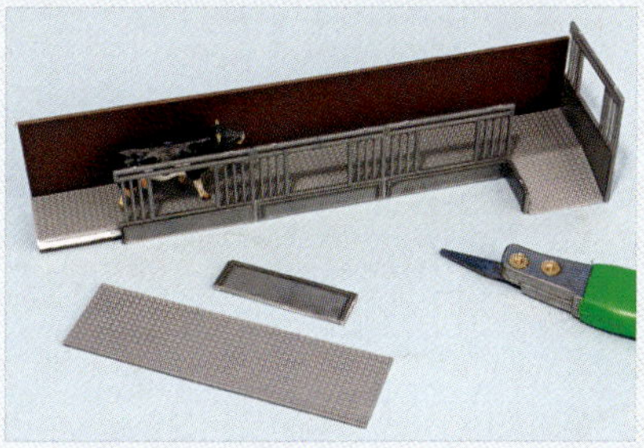

Sind die Teile miteinander verklebt, werden die beiden Rampen zugeschnitten und seitlich mit Resten aus einer Boxenwand ergänzt.

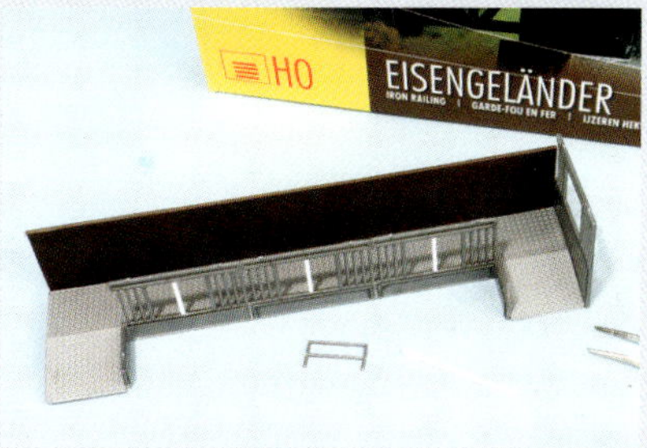

1 x 1-mm-Profile sorgen dafür, dass die Kühe nicht nach vorne ausbrechen können. Das Gitter stammt von Faller (180403).

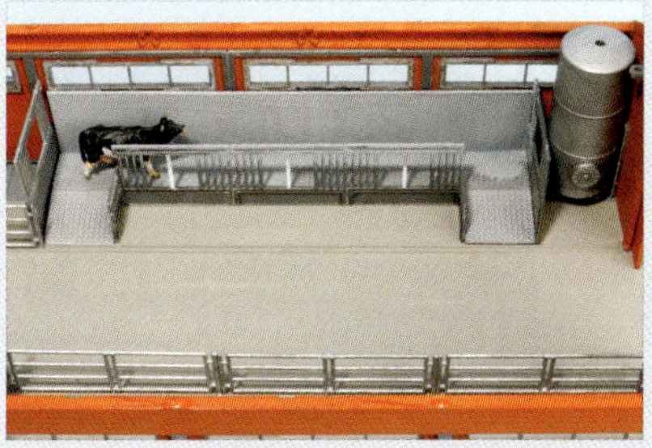

Stellprobe des Melkstands im Stall. Auch wenn die Melkanlage nur stilisiert nachgebildet werden soll, darf zumindest ein Milchtank (Kibri) nicht fehlen.

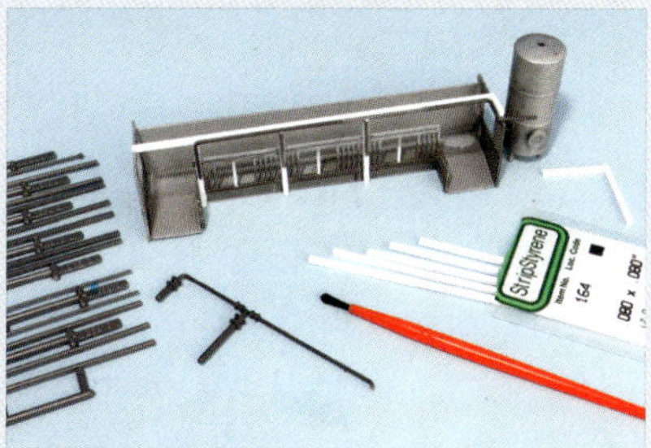

Aus Eckprofilen wird ein Traggerüst für die Leitungen zum Tank erstellt. Hierauf klebt man dann aus Rundprofilen (aus einem Kibri-Set) das Leitungssystem zum Tank.

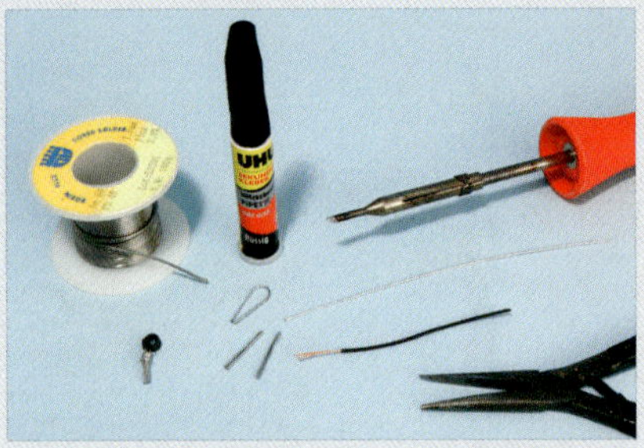

Die flexiblen Schläuche mit den Zitzenbechern entstehen aus aufgerolltem Litzendraht und zwei u-förmig gebogenen Drähten.

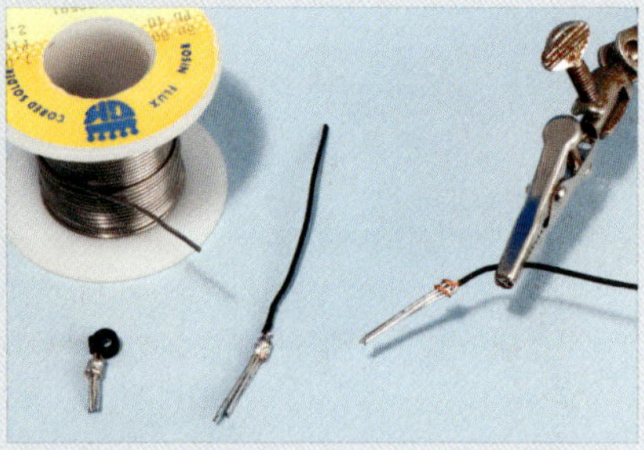

Hier im Detail erkennt man, wie die abisolierte Litze um den gebogenen Draht gewickelt und dann verlötet wird. Die Drahtenden werden noch entsprechend gekürzt.

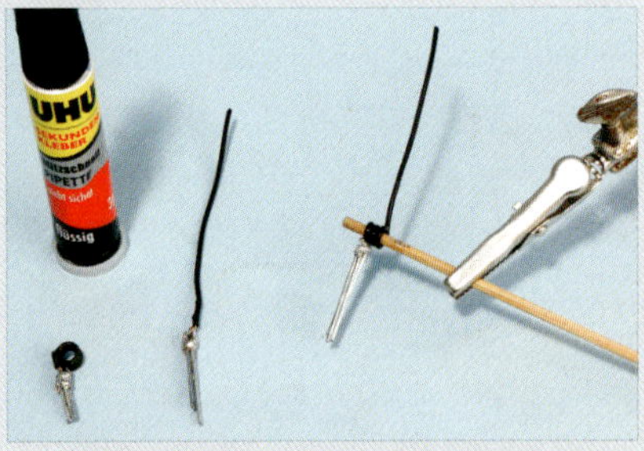

Die ummantelte Litze wird auf einen dünnen Holzspieß aufgewickelt und mit Sekundenkleber fixiert.

Das Ganze wird nun noch schwarz lackiert, so dass es sich später deutlich von der restlichen Melkanlage abhebt.

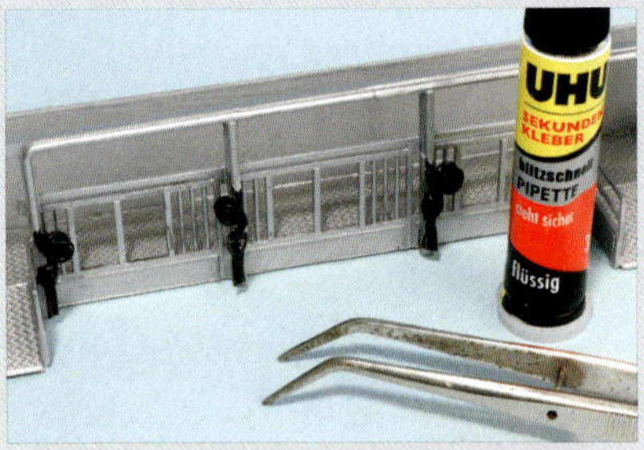

Die Schlauchenden verklebt man an den Rohrleitungen wiederum mit etwas Sekundenkleber. Fertig ist die Illusion.

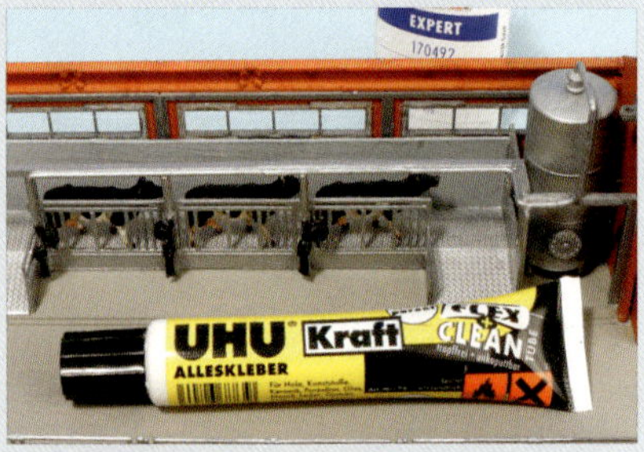

Nachdem Melkstand und Tank in den Stall geklebt worden sind, kann man auch das restliche Leitungssystem bis in den Tank montieren und entsprechend der gewählten Farbgebung angleichen.

Blick durch das Tor in der Giebelseite des Stalls auf den Melkstand. Mit einer eingebauten Beleuchtung kann man ihn auch später gut erkennen. Dass er nicht bis ins kleinste Detail durchgestaltet ist, fällt wohl kaum auf.

noch Profile unterschiedlicher Größe, Riffelbleche, nicht geprägte Kunststoffplatten und Zaunstücke. Einen Bauplan oder eine Skizze habe ich nicht erstellt. Vieles muss sich während des Baus ergeben bzw. ist durch verwendete Teile vorbestimmt. Es muss schließlich nur in die Lücke entlang der Längswand passen.

Zunächst habe ich drei Wände der Pferdeboxen unten eingekürzt, auf ungefähr sozusagen. Die später leicht erhöhte Lauffläche für die Tiere entsteht aus Riffelblech (Kibri), das mit Profilen unterstützt wird. Eine Rückwand entsteht aus einer Kunststoffplatte, die in der Höhe unterhalb der Fenster endet. Sind diese Teile miteinander verklebt, können die Rampen aus Riffelblech zugeschnitten werden. Eine seitliche Verkleidung entsteht aus den Resten der Boxenwand. An jedem einzelnen Stand ist eine Öffnung vorhanden, durch die man an die Euter der Tiere greifen kann. Diese Öffnung ist aber etwas zu groß und wird deshalb mit einer senkrechten Strebe versehen. An den beiden Rampen werden entgegen der ursprünglichen Idee nun doch gerade Zaunelemente angebracht, was dem abweichenden Winkel der Rampen geschuldet ist. Eine kleine Stellprobe bestätigt den Aufbau und so bleibt zumindest noch Platz für einen Milchtank, wenn es schon nicht für einen abgeschlossenen Raum, eine Milchküche, reicht.

■ Leitungssystem für den Milchtransport

Nun muss die Milch ja von den einzelnen „Zapfstellen“ auch in den Tank gelangen! Dies funktioniert über Rohrleitungen, für deren Montage man aber zuerst ein Gerüst aus Profilen braucht, schließlich hängen die Leitungen ja nicht einfach so in der Luft. Dieses Gerüst entsteht wieder aus Profilen, die in der Höhe genau auf den Seitenwänden des Melkstands aufliegen.

Die Leitungen kann man aus Rundstäben herstellen. Glücklicherweise fand ich noch passendes Material in einem Kibri-Bausatz, aus dem auch die Teile für den Tank stammen. Nach einigem „Fummeln“ war dann auch das Leitungssystem entstanden, wobei manche Teile auch stumpf angesetzt sind. Den Übergang kaschiert man mit einem Tropfen Holzleim.

Weiter geht es mit dem flexiblen Teil der Melkanlage mit den flexiblen Schläuchen samt vier Teil-

stücken, die in den Zitzenbechern enden. Ich habe keine Ahnung, wie das genau auszusehen hat, geschweige denn, welche Dimensionen das Ganze hat. Gefühlt nicht sehr groß, was die Umsetzung ins Modell natürlich einschränkt, zum Glück!
Also dünn müssen die Leitungen sein. Dazu bieten sich z.B. Litze und Draht an. Zwei Drähte in 0,5-mm-Stärke u-förmig gebogen und mit einer Zange zusammengepresst, miteinander verlötet und wir haben zumindest schon einmal vier Enden, die noch auf exakt gleiche Länge zu bringen sind. Die Litze wird gut einen Zentimeter abisoliert und um den bereits verlöteten Draht gewickelt und ebenfalls mit einem winzigen Lötpunkt versehen.
Nun wickelt man das Stück Kabel auf einen dünnen Holzspieß und fixiert diese Position mit Sekundenkleber. Auch das Litzenende wird dann mit einem Seitenschneider abgeschnitten. Schließlich färbt man das Ganze noch schwarz ein, damit es sich später deutlich von der restlichen Melkanlage abhebt, die bis auf die Rückwand in Silber lackiert wurde.
Die Schlauchenden verklebt man an den Rohrleitungen wiederum mit etwas Sekundenkleber und fertig ist die Illusion. Nachdem Melkstand und Tank in den Stall geklebt worden sind, kann man das restliche Leitungssystem bis an den Tank montieren und nachlackieren.

Gestaltung des Stallbodens

Nachdem nun die Einrichtung des Stalls fertig ist, werden noch letzte Feinarbeiten durchgeführt. Hierzu zählt die Patina für den Boden. Die „Beton"-Flächen erhalten einen Überzug aus einem schwarzbraunen, stark mit Wasser verdünnten Farbgemisch. Dann erhalten vor allem die Gitterböden einen Überzug mit der Lasur „Sepia". Auch dort, wo die Silage entlang der Durchfahrt verteilt wird, macht sich dieser Farbton recht gut.
In diesem Stall gibt es noch Einstreu in Form von Stroh, was in der modernen Milchkuhhaltung nicht mehr überall praktiziert wird. Bis auf die Gitterböden an den Stallaußenseiten wird die restliche

Blick über den Geräteunterstand auf den Kuhstall mit dem Melkstand direkt vorne rechts.

Gestaltung des Stallbodens

Der Stallboden wird mit den wasserlöslichen Farben und Lasuren von Vallejo behandelt. Vor allem die Gitterböden erhalten einen Überzug mit der Lasur „Sepia". Auch dort, wo die Silage verteilt wird, macht sich dieser Farbton recht gut.

In diesem Stall gibt es noch Einstreu in Form von Stroh, was in der modernen Milchkuhhaltung nicht mehr überall praktiziert wird. Bis auf die Gitterböden an den Stallaußenseiten wird die restliche Lauffläche mit dem Leimgemisch benetzt. Dann streut man kurze Fasern (Noch) auf und drückt sie mit einem Löffelstiel an.

Auch auf der Rückseite des Stallgebäudes ist ein Außenbereich für die Kühe vorgesehen, allerdings nur in exakter Länge der Freilauffläche im Inneren des Stalls.

Lauffläche mit dem Leimgemisch benetzt. Dann streut man kurze Fasern (Noch) auf und drückt diese mit einem Löffelstiel an. Lose Fasern werden nach dem Trocknen des Klebstoffs abgesaugt.

Überdachter Außenbereich

An dieser Stallanlage soll ein überdachter Außenbereich für die Kühe entstehen, den sie durch die geöffneten Türen erreichen können. Diese Konstruktion entsteht komplett im Eigenbau. Als Materialien liegen Kunststoffplatten, diverse Profile, Wellblechplatten (z.B. Kibri) und Teile aus dem Boxen- und Laufhof-Zaunsystem von Faller bereit. Eine kleine Zeichnung mit der Seitenansicht reicht für den Bau vollkommen aus, da auf der Längsseite die Position der Pfosten auf die Maße der Zaunelemente aus dem Faller-Bausatz auszurichten ist. Ein Element des Systems passt übrigens exakt zwischen die Pfosten der Stallwand, was nun bedeutet, dass sich die Pfosten von Stall und Außenbereich genau gegenüberliegen. Perfekt!

Bei der Planung sind die Materialstärken genauestens zu beachten! Das Dach des Außenbereichs muss genau unter die Dachrinne des Hauptdachs passen! Zunächst werden die Pfosten mit der 2 mm starken Bodenplatte verklebt und ausgerichtet. Dann werden die Träger zuerst an einer Seite und etwa mittig des Stalls verklebt. Auch hier wird wieder auf senkrechten Stand der Pfosten geachtet. Jetzt kann man die Träger im Zwischenbereich einsetzen. Mit Hilfe eines aufgelegten Lineals lassen sie sich ganz exakt ausrichten. Genauso verfährt man bei der Montage auf der anderen Hälfte des Außenstalls. Erst wieder die beiden Außenpfosten setzen, mit den beiden Trägern bestücken und die restlichen Träger über das Lineal ausrichten.

Es folgen die eigentlichen Dachträger für das Wellblech parallel zum Wandverlauf. Sie werden zunächst an einer Ecke verklebt. Mit und mit kontrolliert man beim weiteren Verkleben den senkrechten Stand der Pfosten, die bis jetzt immer noch ein wenig nach rechts oder links geneigt stehen können. Sie sind ja erst durch die Träger senkrecht zur Wand justiert. Ein kleiner Holzklotz hilft beim Ausrichten. Das Gerüst ist jetzt ausgerichtet. Das Wellblech muss in relativ kurzen Abständen unterstützt werden. Dünnere Profile imitieren diese Träger, die aber nicht über die gesamte Länge montiert werden, da sie im Modell keinerlei Stützfunktion auszuüben haben. Und da man sie auch nur von der Seite erkennen kann, reicht es aus, sie auch nur dort zu verwenden. Das spart übrigens auch gleich Material in Form von Profilen.

Bislang war der Außenstall nur provisorisch an den Stall angesetzt. Zum Lackieren muss er natürlich

Überdachter Außenbereich

 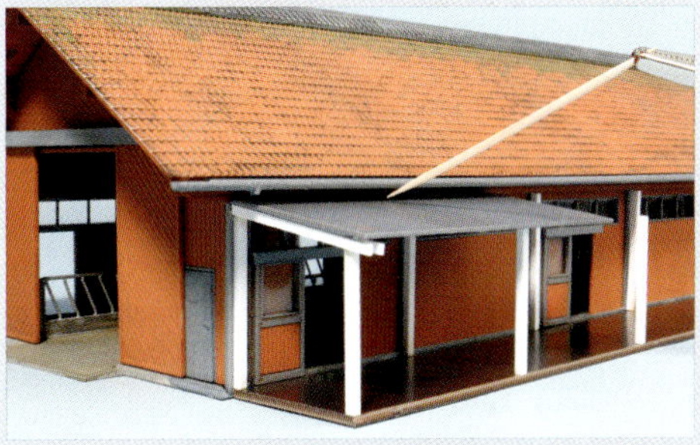 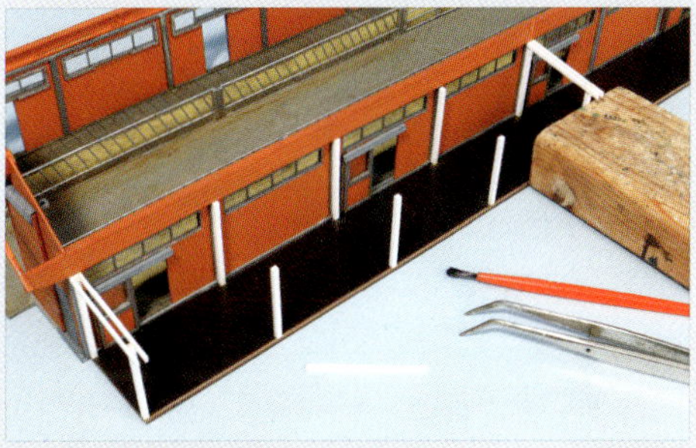

An dieser Stallanlage soll ein überdachter Außenbereich für die Kühe entstehen. Dieser Bereich entsteht aus Kunststoffplatten, Profilen, Wellblechplatten (z.B. Kibri) und Teilen des Boxen- und Laufhof-Zaunsystems von Faller. Eine kleine Zeichnung mit der Seitenansicht reicht für den Bau vollkommen aus. I Bei der Konstruktion ist unbedingt darauf zu achten, dass das Dach des Außenbereichs unter die Dachrinne des Hauptdachs passt! Also unbedingt auf die Materialstärken achten! I Zunächst werden die Pfosten mit der 2 mm starken Bodenplatte verklebt und ausgerichtet. Dann werden die Träger zuerst an einer Seite und etwa mittig des Stalls verklebt. Auch hier wird wieder auf senkrechten Stand der Pfosten geachtet.

Die Träger im Zwischenbereich folgen nun. Mit Hilfe eines aufgelegten Stahllineals kann man sie jetzt exakt ausrichten. I Es folgen die eigentlichen Dachträger für das Wellblech parallel zum Wandverlauf. Sie werden zunächst an einer Ecke verklebt. Mit und mit kontrolliert man beim weiteren Verkleben den senkrechten Stand der Pfosten. Somit ist das Gerüst ausgerichtet. I Das Wellblech sollte in relativ kurzen Abständen unterstützt werden. Dünnere Profile imitieren diese Träger, die aber nicht über die gesamte Länge montiert werden, da sie im Modell keinerlei Tragkraft auszuüben haben. Man spart sich somit Material in Form von Profilen.

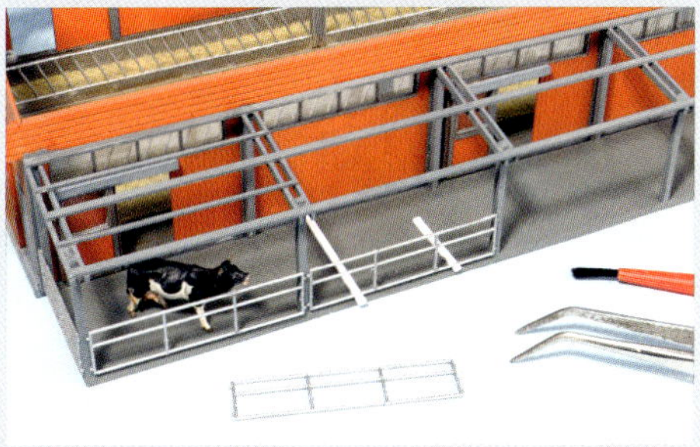

Bodenplatte und Gerüst werden nun mit Emailfarben lackiert I Zur Begrenzung des Außenbereichs für die Kühe werden Teile aus dem „Boxen- und Laufhof-Zaunsysteme“-Bausatz von Faller verwendet. Sie passen exakt zwischen die Pfosten des Außenbereichs. Die untere Querstrebe wird exakt herausgetrennt. I Die Zaunelemente werden mit wenig Klebstoff an die Pfosten geklebt. Zwei untergelegte Profilstücke sorgen für eine durchlaufend gleichbleibende Höhe.

Auch der Außenbereich erhält eine Einstreu aus Stroh. Wie im Stallinneren werden kurze Fasern auf ein Leimbett gestreut und angedrückt. I Die Kuhfladen lassen sich perfekt mit einer „kackbraunen“ Farbe imitieren. Sie wird mit einem Pinsel lediglich auf das Stroh aufgetupft. I Die Dacheindeckung erfolgt mit bereits vorab lackierten „Wellblechplatten“ von Kibri (Art. Nr. 11984, verschiedene Blechimitate).

Der Stall weist jetzt eine beachtliche Größe auf wie die Aufsicht zeigt.

Nun können die dem Bausatz beiliegenden Dachträger eingeklebt und ausgerichtet werden. Sie sorgen auch dafür, dass die Längswände exakt parallel verlaufen.

Der abgestellte Traktor zeigt, dass der umgebaute Stall schon eine beachtliche Dimension hat.

wieder abgenommen werden, um das komplette Ständerwerk wirklich überall anstreichen zu können. Zur Begrenzung des Außenbereichs für die Kühe werden Elemente aus dem bereits erwähnten Zaunsystem von Faller verwendet. Die untere Querstrebe wird mit einem scharfen Messer herausgetrennt, damit die Tiere ihre Köpfe zum Fressen durchstecken können. Dann klebt man mit kleinen Mengen Plastikkleber die Elemente gegen die Pfosten. Zwei untergelegte Profilstücke sorgen für eine durchlaufend gleichbleibende Höhe. Auch der Außenbereich erhält eine Einstreu aus Stroh. Die Vorgehensweise ist identisch mit der bereits beschriebenen. Die Kuhfladen lassen sich perfekt mit einer „kackbraunen“ Farbe imitieren. Sie werden mit einem Pinsel lediglich auf das Stroh aufgetupft. Die Dacheindeckung erfolgt mit den bereits vorab hellgrau lackierten „Wellblechplatten“ von Kibri (Art. Nr. 11984, verschiedene Blechimitate, wobei die hier verwendeten Platten wohl „Jalousien“ heißen). Die Konstruktion ist bereits vorab so bemessen gewesen, dass man lediglich das Endstück zuschneiden muss.
Die kleinen Nahtstellen zwischen den Platten werden mit Holzleim verschlossen und nachlackiert. Ein wenig Patina kann natürlich auch nicht schaden. Nachdem die den Bausätzen beiliegenden Dachträger eingesetzt worden sind, sind auch die beiden Längswände exakt parallel ausgerichtet, Nun können auch die beiden LED-Lichtleisten aus den Bausätzen „Stallinneneinrichtung“ montiert werden. Sie sorgen dafür, dass man auch wirklich etwas von der aufwendigen Inneneinrichtung erkennen kann. Das Dach wird lediglich punktuell fixiert, damit man später Zugriff in den Stall hat.
Die Silage für die Kühe entsteht aus kurzen gelben Fasern von Noch. Acrylsprays des Herstellers sorgen schließlich für die richtige Farbgebung des Gärfutters. Die gefärbten Fasern werden dann mit einer Pinzette auf ein Leimbett an den Außenbereich des Stalls gesetzt. Nachdem die erste Lage gut mit der Holzleimflüssigkeit durchtränkt ist, werden nochmals Fasern mit einer Pinzette aufgelegt, so dass das Ganze deutlich an Volumen gewinnt und nicht einfach flach auf dem Untergrund aufliegt.
Es ist eine beachtlich große Stallanlage entstanden, die durch ihre Details im Innen- und Außenbereich gerne den Blick des Betrachters schweifen lässt. Es gibt immer wieder etwas Neues zu entdecken.

212 242-2

Beleuchtung für modernen Bauernhof von Faller

Abends auf dem Bauernhof

Eigentlich war ich nie ein großer Freund von Beleuchtungen auf der Modellbahn. Mal abgesehen von Laternen, die aber auch immer sichtbar sind, ob es nun Tag oder Nacht ist in unserer Miniaturwelt. Aber Häuser beleuchten? Das passte lange Zeit nicht in meine Vorstellung. Glühbirnchen mit Sockel in das Modellgebäude kleben, hoffen, dass der Hersteller eine geeignete Papiermaske dem Bausatz beigelegt hat und schließlich das Ergebnis! Mit Glück sah man den Lichtschein durch die Fenster oder Türen, sofern das Umgebungslicht, vor allem das des Raumes selbst, das schwache Licht der Glühbirne nicht überstrahlte. Und selbst bei vollkommener Dunkelheit waren sie oft noch „gerade so" zu erkennen.

Die Technik änderte und verbesserte sich. Die Mikrobirnen kamen auf den Markt und mit ihnen die Möglichkeit, auch einmal kleinere Räume oder offene Gebäude effektvoll zu beleuchten. Aber wirklich begeistern konnte ich mich erst, als ich die ersten LEDs samt Zubehör wie den Lichtkästen aus dem Hause Viessmann in Händen hielt. Seitdem ist es für mich immer ein großes Vergnügen, Gebäude zu beleuchten und ggf. mit einer passenden Inneneinrichtung zu versehen. So liegen immer einige Viessmann-LEDs griffbereit für die Montage. Bei einem neuen Projekt um die Gestaltung eines modernen Bauernhofes aus dem Sortiment von Faller überlegte ich natürlich gleich, wie und ob eine Beleuchtung sinnvoll einzusetzen wäre. Das Gebäudeensemble besteht aus einem Stall, den ich aus zwei Bausätzen zusammengesetzt habe, und einem Geräteunterstand. Hinzu kommen noch einige bauliche Einrichtungen, die aber mit einer Beleuchtung nichts zu tun haben.

Beleuchteter Geräteunterstand

Der nach vorne offene Geräteunterstand steht als erstes für den Beleuchtungseinbau an. Hier ist es einfach sinnvoll, die abgestellten Geräte, Anhänger und Traktoren auch im Dunkeln erkennen zu können. Eine hell ausgeleuchtete Halle ist hier gar nicht vonnöten. Zwei gleichmäßig verteilte LEDs unterhalb des Dachs reichen vollkommen aus.

Damit die Kabel später möglichst unsichtbar bleiben, werden sie durch Kabelkanäle geführt. Hierzu bohrt man mit einem Handbohrer zwei Löcher direkt vor die Rückwand, am besten gleich neben dem Zwischenständerwerk der Halle, und erweitert das Loch mit einem Bastelmesser. Die beiden Kabelkanäle sind zugeschnittene und lackierte Stücke eines Strohhalms. Zum Verkleben benutzt man einen Alleskleber.

Aus einer Kunststoffplatte schneidet man dann einen mehrere Zentimeter breiten Streifen zu, der die beiden LEDs aufnimmt. Die Kabel werden durch aufgebohrte Löcher geführt. Zur besseren „Tarnung" wird die Kunststoffplatte auf der später sichtbaren Seite entsprechend der Farbgebung des Unterstands lackiert. Zur Beleuchtung habe ich die LEDs von Viessmann benutzt. Hier ist es völlig egal, ob man die LEDs für die Etageninnenbeleuchtung oder die der Hausbeleuchtung verwendet.

Beleuchteter Geräteunterstand

Für den Geräteunterstand sind zwei LEDs zur Innenbeleuchtung vorgesehen. Um die Kabel möglichst unauffällig in den Untergrund zu führen, werden zwei Kabelkanäle in Form von lackierten Strohhalmen an die Rückwand geklebt. Die Öffnung der Grundplatte erfolgt mit Handbohrer und Bastelmesser.

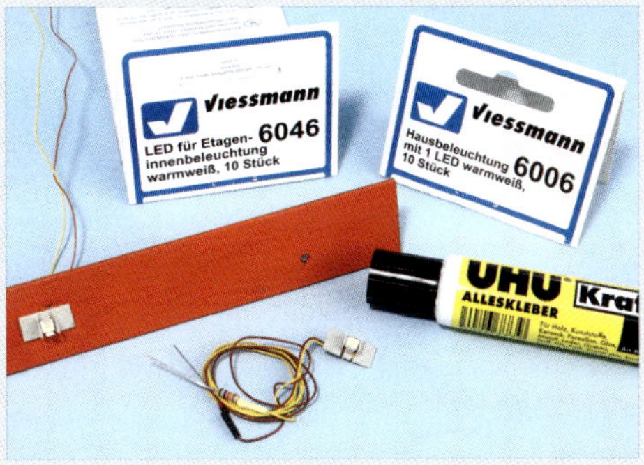

Eine zugeschnittene, mit zwei Löchern versehene Kunststoffplatte wird mit LEDs aus dem Hause Viessmann bestückt. Die Kunststoffplatte wird entsprechend der Wandfarbe auf der später sichtbaren Seite gestrichen. Die LEDs klebt man mit einem Alleskleber ein.

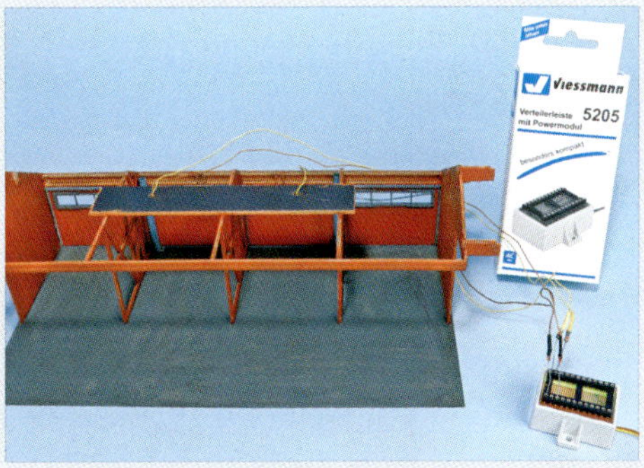

Mit einem Probeaufbau testet man die Funktion und kann (mit aufgesetztem Dach) die Ausleuchtung überprüfen.

Dann kann man die Kabel durch den Kabelkanal durch die Grundplatte führen.

Die Ausleuchtung mit zwei LEDs reicht für den Geräteunterstand vollkommen aus. Auch die seitlichen Stände sind ausreichend beleuchtet.

Beleuchtung für den Stall

Faller bietet für den Stall eine Inneneinrichtung an. Dieser Bausatz beinhaltet auch eine fertig vorinstallierte LED-Lichtleiste, die man „nur“ noch an die Stromquelle anzuschließen braucht. Da ich den Stall mit zwei Bausätzen „verdoppelt“ hatte, benötigte ich natürlich auch eine zweite Packung der Stall-Inneneinrichtung samt der besagten Lichtleiste.

Auch hier muss zunächst ein Kabelkanal an möglichst nicht einsehbarer Stelle her, damit die Kabel zur Stromquelle nicht zu sehen sind. Eine Ecke bietet sich in den meisten Fällen hierfür an. Als Kabelkanal dient diesmal ein Lutscherstiel, der natürlich wesentlich dünner als ein Strohhalm ist. Ich erwähne das Alternativprodukt nur einmal als Gedankenstütze; es ist nicht immer gleich nötig, irgendwelche Dinge zu kaufen. Man sollte schauen, was denn so vorhanden ist.

Bei diesem ordentlich langen Gebäude wird wieder eine Trägerplatte aus Kunststoff zugeschnitten, die allerdings sogar angestückelt werden muss, um die gewünschte Länge zu erreichen. Außerdem ist darauf zu achten, dass sie genau in die Aussparungen der Dachträger passt. Ansonsten hängt die gesamte Konstruktion zu tief und ragt in den Torbereich auf den Stirnseiten des Gebäudes!

Die Lichtleisten werden gleichmäßig auf dem Träger verteilt, immer unter Berücksichtigung der Position der Dachträger. Die Löcher für die Kabeldurchführung nach oben sollten keinesfalls in diesen Bereich liegen. Dann verklebt man die beiden Lichtleisten mit der Trägerplatte. Einige Leimzwingen halten diese dann bis zum Abbinden des Allesklebers in Position.

Die Kabel der Lichtleisten bestehen aus hauchdünnem (lackierten) Draht. Sie werden nun teilweise gekürzt, abisoliert und an einer Lötverteilerleiste angelötet. Zwei ausreichend lange Kabel dienen als Stromzufuhr zum Verteiler. Die dünnen Kabel habe ich mit einem Klebefilm auf der Tragplatte fi-

Beleuchtung für den Stall

Der Kabelkanal besteht aus einem mit Alleskleber befestigten Lutscherstiel! Der Kanal liegt in einer später nicht mehr einsehbaren Ecke des Gebäudes. I Dem Bausatz „Stallinneneinrichtung“ von Faller liegt auch eine fertig vorinstallierte LED-Leiste bei. Da der Stall durch die Verwendung von zwei Bausätzen verdoppelt wurde, benötigt man jetzt eine zweite Lichtleiste. Ein Kunststoffstreifen dient zur Aufnahme der Leisten. Entsprechend der Position werden vier Löcher in den Kunststoff gebohrt. I Die Lichtleisten klebt man mit einem Alleskleber auf den Kunststoff. Leimzwingen halten sie bis zum Abbinden des Klebstoffs in der gewünschten Lage.

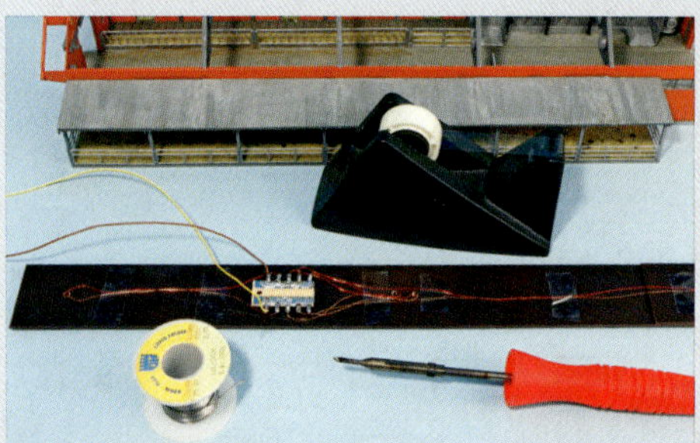

Die Kabel werden durch die Löcher auf die andere Seite geführt, teilweise gekürzt und an einer Lötverteilerplatte verlötet. Zwei ausreichend lange Kabel dienen zur Verlängerung bis zur Stromversorgung. I Da die Leitungen an den Lichtleisten hauchdünn sind, kann man den Kunststoffträger, ohne eine Aussparung an den Dachträgern vorzunehmen, einkleben. Lediglich die Stromzuführung wird über den Trägern verlegt. Natürlich ist vorab genauestens auf die Position von Verteiler und Leisten zu achten, damit die Dachträger nicht in die Quere kommen. I Jetzt können die beiden „dicken“ Kabel zur Stromversorgung durch den Kabelkanal geführt werden.

xiert. Natürlich muss die Platzierung des Verteilers ebenfalls auf die Position der Dachträger ausgerichtet werden.

Aufgrund der wirklich geringen Stärke der vormontierten Kabel braucht man auch keine Aussparungen für die Kabelführung an den Dachträgern vorzunehmen. Der fertig bestückte Beleuchtungsträger kann nun von unten gegen die Dachträger geklebt werden. Plastik- oder ein Alleskleber können benutzt werden.

Die beiden dickeren Kabel zur Stromzuführung müssen über die Dachträger bis in den Kabelkanal geleitet werden. Bei einer Beleuchtungsprobe stellte sich schnell heraus, dass Licht durch den Kunststoff des Dachs drang. Also habe ich die Dachinnenseite mit einer schwarzen Abtönfarbe gestrichen. Über das Gebäude überstehende Dachteile werden mit Klebefilm abgedeckt.

Allerdings dringt auch Licht durch die Wände! Das hatte ich beim Bau aufgrund der geringen Materialstärke bereits kommen sehen! Eine Lösung, die das Problem wirklich beseitigt, habe ich nicht gefunden. Konstruktionsbedingt sind Innenwände durch die Türen und Fenster mit ihren teils überstehenden Verglasungen kaum wirkungsvoll einzubauen. Irgendwo würde an Stoßkanten doch noch Licht durchscheinen, was der Optik nun wirklich nicht zum Vorteil gereicht hätte, wenn dem Betrachter schmale helle Streifen ins Auge gefallen wären!

Nur durch die installierte Innenbeleuchtung sind Blicke wie diese möglich! Das Umgebungslicht reicht nie aus, ein Gebäude von innen auszuleuchten, was eine Inneneinrichtung i.d.R. vollkommen überflüssig macht!

Aufgrund des überdachten Außenstallbereichs fällt das Malheur gar nicht unbedingt auf. Die Fotolinse deckt diese Unzulänglichkeiten aber erbarmungslos auf! Die einzigen beiden Lösungen sind das „Dimmen" der LEDs, was bei meiner Stromversorgung über den Gleichstromanschluss eines analogen Regeltrafos stufenlos möglich ist, oder aber der Einsatz eines Restlichts im Modellbahnraum, der den Lichtschein ausgleicht.

Trotz dieser kleinen Unzulänglichkeit bin ich mit dem Ergebnis der Beleuchtung des Stalls zufrieden, kommen doch alle Inneneinrichtungsdetails perfekt zur Geltung, was ohne Beleuchtung auch nicht einmal ansatzweise gelungen wäre.

Schließlich ergänzen zwei LED-Außenleuchten von BRAWA die Hofanlage perfekt.

Auf einem Bauernhof ist nie Feierabend. Die Tiere müssen noch versorgt und gefüttert werden. Im Sommer zur Erntezeit wird bis tief in die Dunkelheit Grasschnitt in das Fahrsilo gebracht und auch noch verdichtet. Jede Minute zählt und so braucht man sich nicht zu wundern, wenn auch bei oder nach Einbruch der Dunkelheit Betrieb auf dem Hof herrscht! Gearbeitet wird dann, wenn die Arbeit anfällt.

Moderner Busch-Offenstall

Frischluft für das Rind

Die Affinität der Fa. Busch zum Landleben und zu landwirtschaftlichen Gebäuden samt Ausschmückungsteilen ist ja hinlänglich bekannt. Einiges aus der Produktpalette ist unverkennbar in den neuen Bundesländern zu finden, die LPG lässt grüßen. Aber auch für mich, als westlichsten „Wessi", rein geographisch gesehen, den es vermutlich in unseren Modellbahnerkreisen gibt, sind immer wieder Modelle zu finden, die mich sehr ansprechen.

Gut, der uralte Bauernhof im Sortiment der Viernheimer interessiert mich grundsätzlich mehr, als ein modernes Gehöft, aber man muss auch mal über den „Epochen-Tellerrand" hinausschauen. Im Katalog von Busch fiel mir der „Moderne Offenstall" (Art. Nr. 1902) auf, der durch seine (eben) offene Bauweise viele Gestaltungsmöglichkeiten bietet.

Der Stall selbst wäre natürlich keine eigene Besprechung wert. Er ist in gewohnt hoher Qualität aus Holz, Karton und Kunststoff gefertigt. Koloriert ist er natürlich auch. Ein paar Kleinigkeiten lassen sich aber dennoch (neben dem Verwittern und Granieren von Wänden und Dach) sinnvollerweise abändern.

Patinieren und Zurüsten

Da wäre zunächst der Stallboden. Er ist werkseitig hellgrau eingefärbt. Mit kleinen Mengen Vallejo-Farben und -Lasuren passt man den Untergrund an. Der überstehende Teil hinter der Stallwand wird „schmutzig grau", im Stall selbst deutet man Verfärbungen der Hinterlassenschaften der Tiere mit der Lasur „Sepia" an und vor dem Gitter wird der Belag leicht grünlich.

Ständerwerk und Verkleidung des Stalls habe ich mit der Emailfarbe Nr. 62 von Humbrol neu gestrichen. Damit gleicht man die später gut sichtbaren Schnittkanten des Ständerwerks farblich an, da sie sonst durch den Schneidevorgang dunkelbraun sind.

Der Zusammenbau des Stalls ist schnell erledigt. Die wenigen Teile sind passgenau. Die Wandverkleidungen sollten bis zum Abbinden des Klebstoffs mit Leimzwingen in Position gehalten werden. Bevor nun das Dach montiert wird, sollte man die Einstreu einbringen. Sie besteht aus feinen Fasern (hier von Noch). Geklebt wird mit kleinen Mengen des bekannten Holzleimgemischs. Idealerweise werden nur so viele Fasern aufgestreut, dass man den Untergrund und damit die braune Verfärbung dort noch erkennen kann.

Leichte Verwitterungsspuren an Dach und Wänden werden vorsichtshalber mit Emailfarben aufgetragen, damit sich das Material auf keinen Fall verziehen kann. Dies gilt insbesondere für das Dach aus Karton. Granieren kann man dann alles wieder mit einer Acrylfarbe von Vallejo.

Die Türen an beiden Schmalseiten des Stalls sind recht einfach gehalten. Ich habe mich entschlossen sie mit Rahmen und Streben aus Kunststoffprofilen

Der fertige Offenstall in der Detailansicht. Das Modell hat schon beachtliche Maße.

Mit Farben und Lasuren von Vallejo wird die hellgraue Grundplatte behandelt. Im Stall selbst mit der Lasur „Sepia", vor dem Stall grünlich und hinter der Stallwand schmutziggrau.

Idealerweise liegen beim Verkleben der Holzwände an das Ständerwerk einige Leimzwingen bereit, die den nötigen Anpressdruck liefern.

Die Einstreu für den Stall entsteht aus feinen Fasern. Der Boden ist zuvor mit dem bekannten Leimgemisch bestrichen worden.

Zur Betonung der Vertiefungen an den Holzwänden und am Wellblechdach wird ein Farbgemisch aus verdünnten Emailfarben verwendet, während das Granieren mit einer hellgrauen Acrylfarbe erfolgt.

Die Torblätter werden von der Innenseite mit Kunststoffprofilen versehen. Dies macht vor allem Sinn, wenn man sie auch in geöffneter Position einbauen möchte. Geklebt wird mit einem Alleskleber.

Die filigranen Gitter werden mit kleinsten Mengen Holzleim gegen die Pfosten geklebt.

Patinieren und Zurüsten

Der fertige Offenstall mit der Freilauffläche gehört natürlich in die modernen Epochen. Passende Fahrzeuge liefert z.B. Kibri. Idealerweise stünden in so einem Stall Mastvieh oder Färsen, statt der hier gezeigten Milchkühe, so es denn die Alternativen gäbe…

zu versehen, da eine Tür offen stehen soll und den Zugang zu einer Freilauffläche ermöglicht. Zum Kleben der unterschiedlichen Werkstoffe dient ein Alleskleber.

Vor dem Gitter des Stalls wird frisches grünes Futter, sprich Gras, serviert. Hierzu habe ich unverdünnten Holzleim verteilt, auf den dann umgehend grasgrüne Fasern aufgestreut werden. Diese werden leicht angedrückt, ehe ein wenig von dem Klebstoffgemisch aufgeträufelt wird. Dann folgen nochmals Fasern. Das Ganze soll schließlich ein entsprechendes Volumen erhalten.

Anbau einer Freilauffläche

Als Ergänzung zu dem Stall habe ich eine Freilauffläche vorgesehen, die aus einer Grundplatte (Faller) und dem Stahlrohrzaun von Busch besteht. Die Bodenplatte soll Beton imitieren, der in etwa gleichgroße Flächen gegossen worden ist. Die Nahtstellen der angrenzenden Flächen werden mit Mes-

ser und Feile eingeritzt und leicht angeschliffen. Auf die so vorbereitete Platte klebt man nun die Sockelplatten der Pfosten des Zauns mit Sekundenkleber auf und färbt das Ganze grau ein. Zu berücksichtigen ist der Pfostenabstand eines Tors. Anschließend klebt man Pfosten und Halterungen nacheinander mit Sekundenkleber auf.

Wie bei dem Stall dienen auch hier Lasuren von Vallejo für das ideale Farbfinish. Dann kann man die zuvor lackierten „Rohre" einfädeln. Dies sollte problemlos gelingen, da die Löcher in den Halterungen ausreichend Spiel lassen. Ein kleiner Tropfen Sekundenkleber fixiert jedes einzelne Rohr an einem Punkt. Das reicht.

Zwei Futterraufen (Busch), Fasern und „kackbraune" Farbpunkte schließen die Arbeit an der Freilauffläche ab.

Jetzt fehlen eigentlich nur noch die Mastbullen oder Färsen, die es leider nicht zu kaufen gibt. Also stehen nun Milchkühe in meinem Offenstall.

Die Lila Kuh verbringt hier ihr Altenteil, nachdem sie nicht mehr für die TV-Werbung gebucht wird. Aber sie ist immer noch eine gefragte Interview-Partnerin, wie das hier geführte Gespräch mit ntv belegt.

Anbau einer Freilauffläche

Neben dem Stall entsteht eine Freilauffläche, deren Boden aus einer Faller-Kunststoffplatte „Putz" besteht und deren Begrenzung aus dem Stahlrohrzaun von Busch angefertigt wird.

In die zugeschnittene Grundplatte werden zunächst mit einem Messer, dann mit einer Rundfeile parallele Vertiefungen eingeritzt, die die Übergänge gegossener Betonfelder darstellen sollen.

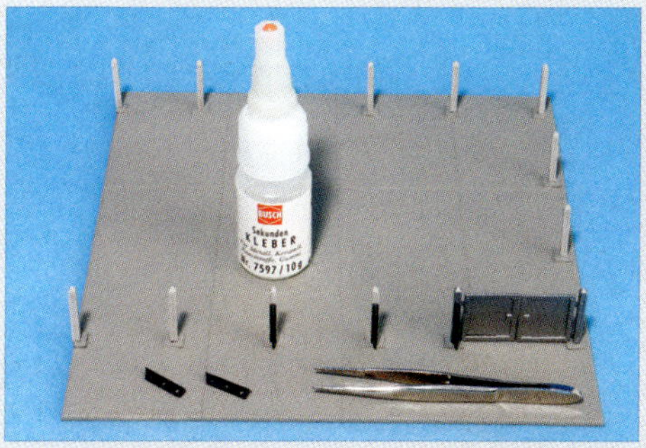

Nun folgen die Pfosten und die Stahlrohrhalter, die allesamt mit Sekundenkleber fixiert werden.

Wie bei der Stallinnenfläche wird auch der Freilauf mit dem Farbton „Sepia" betupft, während der Außenbereich mit einer schwarzen Lasur überzogen wird.

Die „Stahlrohre" aus einem Draht werden vorab silbern lackiert, ehe sie eingefädelt werden. Fixiert werden sie nur an den Endpunkten.

Zwei Futterraufen für Rundballen, Fasern als Stroh- und Heuimitat und ein paar „kackbraune" Farbkleckse für die Hinterlassenschaften der Tiere runden die Gestaltung des Freilaufs ab.

Faller-Schuppen
Geräteschutz mit Durchzug

Auf jedem Bauernhof gibt es eine Vielzahl an Maschinen und Geräten, die es vor Wind und Wetter zu schützen gilt. Zu teuer sind sie in der Anschaffung und man möchte doch viele Jahre davon haben. Oder aber man kann sich von den guten alten Schätzchen nicht trennen. Wer weiß, wozu man sie noch einmal brauchen kann! Und so wächst der Bestand mit und mit über die Jahre an. Nur die vorhandenen Unterstellmöglichkeiten sind begrenzt. Wohl oder übel muss ein Schuppen her, der den benötigten Raum bietet.

Wirtschaftlich betrachtet ist ein gemauertes Gebäude für diesen Zweck vermutlich zu teuer. Holz ist in vielen ländlichen Regionen ein beliebter Baustoff, weil günstiger als Stein und zudem „wächst" das Baumaterial vor der eigenen Haustür. Ein Ständerwerk ist von Zimmerleuten zu errichten. Eine Bretterverkleidung ist vielleicht sogar selbst anzubringen. Je nach Region werden für das Dach unterschiedliche Materialien verwendet. Hier bieten sich z.B. Holzschindeln an.
Da der Schuppen zunächst nur für die Gerätschaften geplant ist, muss die Bretterverkleidung auch nicht wirklich dicht sein. Hauptsache die Sachen stehen trocken. Ein wenig Zug(-luft) kann nicht schaden. Dann rostet auch nichts.
Genau ein solches Gebäude findet sich im Sortiment der Firma Faller. Es wird zusammen mit einem Backhaus und einer Kapelle in einem Set (Art. Nr. 130379) angeboten. Großes zweiflügliges Tor, lockere Bretterverkleidung, kleine Anbauten und ein Holzschindeldach prägen diesen Bausatz. Unschwer ist an der Ausführung der Bretter zu erkennen, dass der Zahn der Zeit bereits heftig an dem Schuppen genagt hat.
Ein ideales Modell für ein Motiv an einem Bauernhof und die „zugige" Bauweise lädt geradezu dazu ein, eine Beleuchtung samt Inneneinrichtung vorzusehen.

Bodenplatte und Wände

Also frisch ans Werk, das zunächst einmal vorsieht, die Grundplatte zu bearbeiten. Wie bei vielen Kunststoffbausätzen deutet sie ein wenig umliegendes Gelände an und läuft zu den Rändern hin leicht geschwungen aus. Das stört aber bei der tatsächlichen Gestaltung des Umfeldes, wenn man hier Streugut oder einen Plattenbelag ansetzen möchte. Ich habe bewaffnet mit Messer, Seitenschneider, Feile und Lineal alle Kunststoffränder bis knapp an die Stege entfernt, so dass der Mauersockel des Schuppens bündig mit der Grundplatte abschließt.
Die Bodenplatte wird innen mit einer 1 mm starken Kunststoffplatte ergänzt, ehe dann die Grundplatte komplett mit einer Emailfarbe (z.B. Revell Nr. 47) lackiert wird.
Das Sockelmauerwerk aus Ziegelsteinen habe ich in drei Schritten behandelt. Nach einer Grundfärbung

Bodenplatte und Wände

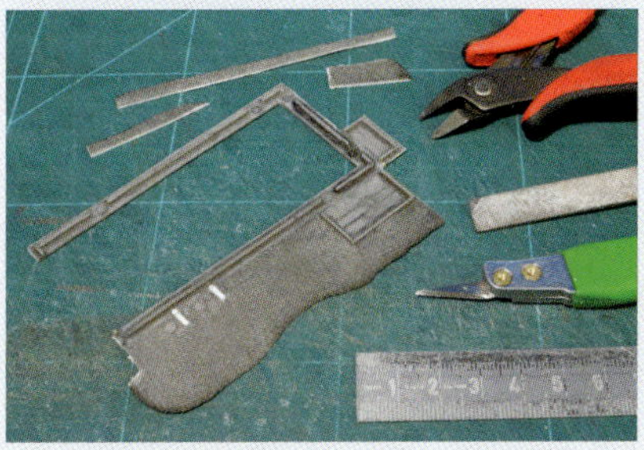

Die auslaufenden Ränder der Bodenplatte werden – mit Hilfe von Messer, Seitenschneider und Feile – bis knapp an die Stege abgetrennt, damit man das Gebäude später besser an seine Umgebung anpassen kann.

Der offene Teil der Bodenplatte wird mit einer 1 mm starken Kunststoffplatte ergänzt. Kleine Nahtstellen lassen sich mit Holzleim verschließen.

Das Sockelmauerwerk aus Ziegelstein wird mit Revell Nr. 83 grundlackiert. Dann werden die Fugen mit beiger Farbe ausgelegt. Einzelne Steine betont man mit Aquarellstiften.

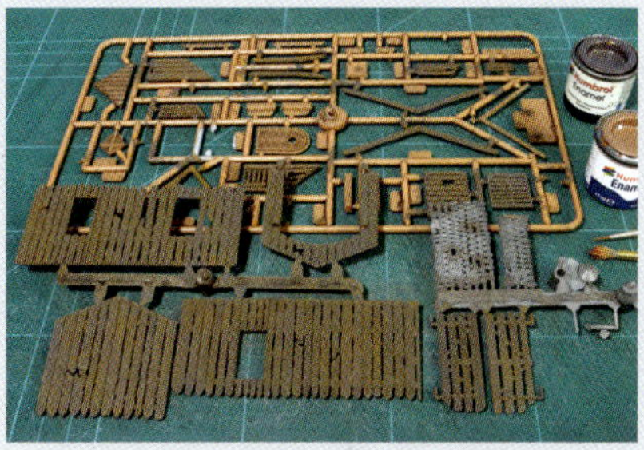

Sämtliche Holzteile (Wände, Tore und Balken) werden mit den Humbrol-Farben Nr. 62 und Nr. 98 nass in nass gestrichen, um die Farbenvielfalt des Holzes zu unterstreichen.

Mit den beiden Lasuren Schwarz und Sepia von Vallejo erzeugt man die Tiefenwirkung an der Holzverkleidung. Die gemischten Lasuren werden zusätzlich mit Wasser verdünnt.

Nachdem Scharniere und Beschläge farblich hervorgehoben worden sind, sollten die Wandteile und Tore graniert werden.

Das Holzschindeldach wird ebenfalls farblich neu behandelt. Hier kommen Humbrol Nr. 62 und Revell Nr. 47 zum Einsatz. Möglichst viele Farbnuancen sind zu erreichen.

Der Geräteschuppen steht in einer Ecke eines landwirtschaftlichen Betriebs und dient hier zur Lagerung allerlei Gerümpels, das nicht so bald wieder gebraucht wird.

Beim probeweisen Aufbau mit Beleuchtung stellt sich heraus, dass das Licht nicht nur durch die Bretterfugen scheint, sondern auch durch den Kunststoff!

Aus diesem Grunde werden Ständerwerk und Bretter auch von innen gestrichen. Natürlich sollte die Farbe möglichst nicht durch die Fugen nach außen gelangen!

Zusammenbau und Beleuchtung

Die beiden Dachhälften werden mit Plastikkleber verbunden. In die Nahtstelle streicht man von der Innenseite Holzleim auf und lackiert diesen Bereich schwarz. Nun kann hier kein Lichtaustritt mehr erfolgen.

Für eine diffuse Beleuchtung reicht eine Mikrobirne (Faller) vollkommen aus. Sie wird mit Klebefilm an einem neu installierten Profil befestigt.

Die Kabel der Birne werden in einen Anbau geführt und von dort durch die Bodenplatte in den Untergrund geleitet.

Zur Dekoration des Schuppeninneren kann man Kisten, Fässer, Säcke, Leitern etc. verwenden und mit diversen Klebern befestigen.

Die freie Bodenfläche wird mit „Heu" (getrocknetes, zerriebenes Gras) und mit Gartenerde gestaltet. Zum Kleben dient das bekannte Holzleimgemisch.

Die Dachflächen werden noch leicht „angegrünt", gealtert und graniert.

mit dem Emailfarbton Nr. 83 von Revell erfolgt im nächsten Arbeitsgang das Auslegen der Fugen mit einer stark verdünnten Farbe. Sollen hierzu auch Emailfarben benutzt werden, muss der Grundfarbton mindestens 24 Stunden durchgetrocknet sein. Deshalb kann man, um einen schnellen Fortschritt zu erzielen, besser auf Abtönfarben zurückgreifen. Schließlich werden die erhabenen Steinflächen mit Aquarellstiften überstrichen.

Sämtliche Holzteile wie Wände, Tore und Balken werden mit den Humbrol-Farben Nr. 62 und Nr. 98 nass in nass gestrichen, um die Farbenvielfalt des Holzes besser zu unterstreichen und um die unterschiedlichen Farbtöne der Bausatzteile anzugleichen. Verwitterungsspuren kann man gut mit den Lasuren von Vallejo erzeugen. Die Zugabe von Wasser lässt das Holz später nicht so dunkel erscheinen. Nun sollten die Scharniere und Beschläge farblich abgehoben werden. Ich benutze hierzu gerne einen hellen Grauton. Zum Schluss hebt man mit der Graniertechnik die feinen Strukturen an der Bretterverkleidung hervor.

Das Schindeldach wird ebenfalls farblich neu behandelt. Hierzu habe ich den Farbton Nr. 62 von Humbrol sowie den Grauton Nr. 47 von Revell ausgesucht. Beide Farben werden nass in nass aufgetragen und leicht verdünnt. Ziel ist es, möglichst viele Farbnuancen zu erreichen.

Zusammenbau und Beleuchtung

Dann kann der Zusammenbau erfolgen. Nach dem Einkleben der Fenster können die Sockel und Wände auf die Grundplatte geklebt werden. Nun muss man ausprobieren, wie viel Beleuchtung (in Form von Mikrobirnen) nötig ist, um das Innere in einem „schummrigen" Licht erscheinen zu lassen. Bei einem Probeaufbau mit Dach war schnell klar, dass eine Birne vollkommen ausreicht. Allerdings hatte ich nicht mit dem Malheur gerechnet, dass der Lichtschein dieser einen Birne ausreicht, durch (!) die Bretter zu scheinen! Soll heißen: Das Licht schien nicht nur durch die Bretterfugen, sondern durch den Kunststoff! Da aber die Wände bereits verklebt waren, musste ich versuchen, das Missgeschick durch Auftragen von brauner Farbe auf der Innenseite der Wände zu beheben! Gar nicht so einfach, vor allem, da auch möglichst keine Farbe auf die fertigen Außenwände gelangen sollte. Um gleich beim Dach einem möglichen Lichtaustritt zu begegnen, habe ich die Firstunterseite nach dem Verkleben mit Holzleim bestrichen und später mit schwarzer Farbe deckend lackiert. Die Mikrobirne wird an einem Kunststoffprofil leicht versetzt nach hinten befestigt. Ein Stück Klebefilm sorgt für Halt. Die beiden Kabel werden bis kurz unter das Dach des seitlichen Anbaus geführt, dort durch eine mit einem Messer aufgebohrte Öffnung geführt und von hier aus durch ein weiteres Loch in der Bodenplatte in den Untergrund geleitet.

Nun ist ja der Schuppen eigentlich als Unterstand für Maschinen und Traktoren vorgesehen. Doch im Laufe der Jahre – dieser Schuppen hat schon Jahrzehnte auf dem „Buckel" – haben sich ganz sicher unterschiedliche Dinge hierhin „verirrt", die aber die Szene recht glaubhaft wirken lassen. Da finden sich Kisten aller Art, Säcke, Fässer oder eine Leiter. Es bleibt jedem Modellbauer selber überlassen, was er als geeignet erachtet oder was der Fundus so hergibt. Wer neu kaufen muss, findet z.B. bei Faller den interessanten Artikel „Ladegüter" (Art. Nr. 180588), aus dem meine Dekorationsteile stammen. Sie werden teils mit Plastikkleber oder bei geringer Auflagefläche besser mit einem Alleskleber befestigt.

Die freibleibende Bodenfläche des Schuppens wird noch mit feinem Streugut in Form von „Heu" und Gartenerde gestaltet. Zum Kleben dient das be-

Der fertige Schuppen bei eingeschalteter Beleuchtung. Neben der bisherigen Innenausstattung machen sich Traktoren und Gerätschaften ganz gut, vorausgesetzt, der „Kleinkram" ist ordentlich an den Seitenwänden entlang gestapelt. Auch der Lichtschein durch den Kunststoff ist nahezu beseitigt. Er fällt mit bloßem Auge gar nicht mehr auf. Erst die Nahaufnahme macht ihn sichtbar.

kannte Holzleimgemisch. Das „Heu" ist getrockneter Grasschnitt des Zierrasens. Echtes Heu ist schon viel zu grob! Die getrockneten Halme werden mit einer Schere zunächst kleingeschnitten, ehe sie mit den Fingern weiter zerrieben werden.

Schließlich kann das Dach aufgesetzt werden, aber nicht ohne es vorher leicht mit einer grünen Farbe zu streichen, die etwas Moosbewuchs darstellen soll, und natürlich dem obligatorischen Verwittern und Granieren mit Lasuren und hellgrauer Farbe von Vallejo.

Jetzt fehlt noch ein „oller" knallroter Traktor und/-oder ein Gerät und die Illusion ist perfekt vom Schuppen mit Zug…

Natürlich kann in diesem Schuppen ein alter Traktor, ein Hänger oder sonstiges Gerät Schutz vor Witterungseinflüssen finden. Seitlich vor und neben dem Schuppen ist noch genügend Platz zur Lagerung von Brettern, Zaunpfählen und Rollen Stacheldraht bzw. von alten Fässern, Tonnen, Kannen und Eimern. Wer weiß, wozu man diese Dinge noch einmal brauchen kann…

Die Feldscheune liegt unmittelbar an einem Bahndamm. Zu beiden Seiten schließen sich Getreidefelder an. Neben dem in der Feldscheune gelagerten Stroh können auch Geräte und Maschinen Schutz vor der Witterung finden.

Fahrzeugunterstand als Feldscheune

Matratzenlager für Kuhbetten

Früher lag die Kuh als solche weich gebettet auf Stroh in ihrem Stall. Und da die Kuh nur bedingt reinlich war, was wiederum daran lag, dass sie meist angebunden nicht die Toilette aufsuchen konnte, saute sie ihre Schlafstatt ganz ordentlich ein, was wiederum den Bauern dazu veranlasste, die Einstreu regelmäßig zu wechseln. Also wurde jede Menge Stroh auf dem Hof benötigt, um die Liegefläche möglichst sauber zu halten.

Je größer der Tierbestand war, umso mehr Stroh wurde natürlich benötigt. Nun waren die Getreidesorten vor gut zwei und mehr Jahrzehnten fast doppelt so lang im Vergleich zu den Sorten, die heute auf unseren Feldern vorzufinden sind, was wiederum damit zu tun hat, dass die Kuh von heute gar nicht mehr so weich liegen mag. Ich persönlich halte das für ein übles Gerücht, aber in der Tierhaltung gibt es bekanntlich einiges zu diskutieren.

Also die Halme für das Stroh waren reichlich lang und es gab eben viel Stroh, weil es benötigt wurde. Nun gibt es Regionen in Deutschland, in denen aufgrund der guten Böden und des entsprechenden Geländereliefs Getreide angebaut wird, soweit das Auge reicht.

Das gepresste Stroh auf der Hofanlage vorzuhalten, war oft genug aus Platzgründen kaum möglich. Zudem ist die Brandgefahr nicht zu unterschätzen. Wenn eine mit Stroh gefüllte Scheune in Brand gerät, ist dies für die umliegenden Gebäude alleine des Funkenflugs wegen sehr gefährlich.

Aus diesem Grund errichtete man Feldscheunen, in denen das Stroh bis zur weiteren Verwendung zwischengelagert wurde. Oft bestanden diese lediglich aus einem Holzständerwerk, zum Teil mit gewaltigen Ausmaßen und einem Dach, das in der Regel mit Wellblech eingedeckt war. Gegebenenfalls wurden zusätzlich eine oder zwei Seitenwände vorgesehen, abhängig von den „Wetterseiten". Allerdings musste hier auf die Belüftung geachtet werden, damit die Luft auch um das hoch gestapelte Stroh streichen konnte.

Lackieren und Vormontage

Buschs „Fahrzeugunterstand" (Art. Nr. 1418) erinnerte mich sofort an die Feldscheuen, die ich früher z.B. im Umfeld der Dörfer an der Zülpicher Börde gesehen hatte, meist mitten in den Feldern liegend, hoch gefüllt mit Strohballen.

Naja. Den Bausatz lediglich zusammenzusetzen war mir irgendwie zu „simpel". Also war die Entscheidung schnell gefallen, aus dem Modell durch Umbauten nach eigener Phantasie etwas „Individuelles" zu schaffen. Dies sollte zum einen die Verkleidung zweier Seiten sein, aber natürlich auch die Nachbildung des Strohvorrats. Zudem könnten sich abgestellte Maschinen, Geräte und „Kleinkram" in der hintersten Ecke recht gut machen.

Gleich auf der Verpackung erkennt man schon, dass die Pfosten auf den Längsseiten nicht senkrecht stehen, was für die Verkleidung mit Brettern eher suboptimal ist. Hier kommt man nicht umhin etwas anzubauen, zusätzliche (senkrechte) Pfosten

Die aus Echtholz und Karton bestehenden Bausatzteile werden mit Emailfarben grundiert. Bei den Holzteilen werden zwei Farbtöne nass in nass aufgetragen, dies bringt das Holz besser zur Geltung.

Bei der Montage des Ständerwerks sollte auf Rechtwinkligkeit geachtet werden. Ein Holzklotz hilft dabei.

Der Firstbalken wird zuerst auf dem Ständerwerk mit Holzleim aufgeklebt. Leimzwingen fixieren ihn.

Lackieren und Vormontage

Die „Wetterseiten" der Scheune sollen verschlossen werden. Hierzu muss auf einer Längsseite die Grundplatte verlängert werden. Ein umlaufender Fundamentsockel entsteht aus Kunststoffprofilen.

Die Verbindung zwischen der Bausatzgrundplatte (Karton) und der Verlängerung (Kunststoff) gelingt einfach mit Sekundenkleber. Die Nahtstelle wird mit Holzleim kaschiert und mit Emailfarbe angeglichen.

Da jetzt noch ausreichend Zugriff auf den Boden möglich ist und ein Großteil der Dachbalken noch nicht montiert ist, wird der Boden mit Lasuren und Farben von Vallejo gealtert.

samt Querbalken, an denen dann die Bretter zu befestigen sind.

Aber das lässt sich jetzt noch gar nicht genau abschätzen, ohne das Hauptständerwerk fertig montiert zu haben. Also habe ich mich zunächst mit der reinen Montage des Bausatzes beschäftigt und hier erst einmal festgestellt, dass mir das Holz deutlich zu dunkel gebeizt ist. Abhilfe schaffen hier Emailfarben, die nass in nass aufgetragen und z.T. auch verdünnt werden. Ich habe wie immer auf meine beiden bewährten Farbtöne Nr. 62 und Nr. 98 zurückgegriffen.

Wenn man schon beim Lackieren ist, sollte man auch gleich die Grundplatte und die beiden Dachteile streichen.

Die Montage der Teile erfolgt exakt nach der Bauanleitung mit kleinen Mengen Holzleim, der am besten mit einem kleinen Holzspieß an der vorgesehenen Stelle verteilt wird. Mein altgedienter Holzklotz sorgt für die Rechtwinkligkeit des Hauptständerwerks. Von den Dachbalken habe ich vorerst nur den Firstbalken und die Endbalken auf jeder Seite verklebt. Wer weiß, ob man bei den Umbauten nicht noch einmal mit der ganzen Hand etwas festhalten muss.

Mit Hilfe des Grundgerüsts kann man nun genau erkennen, wo etwas an- oder umgebaut werden muss. Zunächst muss die Grundplatte verlängert werden. Hierzu wird eine Kunststoffplatte benutzt. Dort, wo die Verkleidung angebracht werden soll, entsteht ein durchlaufender Betonsockel, imitiert aus Kunststoffprofilen.

Verklebt werden die beiden Grundplattenstücke mit Sekundenkleber. Die unvermeidliche Nahtstelle an

Der rote Fahr-Mähdrescher macht sich ausgesprochen gut in der Feldscheune. Andere Gerätschaften wie ein Pflug oder ein Anhänger wären geeignete Alternativen. An der Rückwand liegend erkennt man eine Holzkiste (Preiser) und Zaunpfähle (Marke Eigenbau).

Aus den nicht verwendeten Querbalken (siehe Bauanleitung) entstehen die Pfosten für die rückseitige Wandverkleidung. Sie werden unten auf dem Sockel mit Sekundenkleber und oben mit Holzleim verklebt.

Aus dem Holzrahmen der Dachbalken werden nun die waagerechten Balken zugeschnitten. Da sie anders dimensioniert sind als die Ständerbalken, achtet man darauf, dass sie außen bündig abschließen.

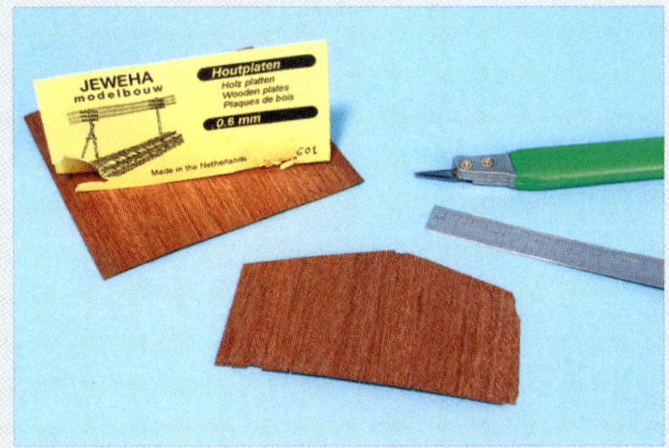

Die Verkleidung von Längs- und Giebelseite entsteht aus dünnen Holzplatten der Fa. Jeweha. Nach dem Zuschnitt erfolgt das Einritzen der Bretterfugen mit einem spitzen Gegenstand.

Das Lackieren und das Verwittern erfolgen in zwei Schritten mit verdünnten Emailfarben. Erst mit dem Verwittern lassen sich Fugen und Schadstellen bestens erkennen.

Auf Pfosten und Querträger wird dünn Holzleim aufgestrichen, ehe die Bretterverkleidung aufgesetzt wird. Leimzwingen halten an verschiedenen Stellen die dünne Platte an dem Ständerwerk.

Rückseitige Wetterschutzverkleidung

Zwecks ausreichender Belüftung des gelagerten Strohs ist die Verkleidung auf der Längsseite nicht bis zum Dach ausgeführt. Trotzdem wird das Stroh gegen Schlagregen auf der Hauptwetterseite geschützt.

den Stoßkanten wird hier lediglich mit Holzleim verschlossen, da ein aufwendiges Verspachteln an dieser Stelle kaum lohnt. Dann lackiert man den Bereich mit dem bereits ausgewählten Grauton nach. Jetzt oder nie sollte man beim Altern des Scheunenbodens sagen und gleich mit Lasuren und Farben von Vallejo zu Werke schreiten. Später ist der Zugriff nur noch schwer möglich.

Rückseitige Wetterschutzverkleidung

Aus den hier nicht verwendeten Querbalken (siehe Bauanleitung) entstehen die senkrechten Pfosten für die rückseitige Wandverkleidung. Sie werden unten auf dem Sockel mit Sekundenkleber und oben mit den Holzteilen mit Holzleim verklebt.
Aus dem Rahmen (!) der Dachbalken schneidet man sich die benötigten waagerechten Balken zurecht. Sie sind aber leicht anders dimensioniert und müssen beim Einkleben so positioniert werden, dass sie nach außen bündig abschließen.
Die Verkleidung aus Holzbrettern entsteht aus Holzplatten der Fa. Jeweha. Die hauchdünnen Furnierplatten werden mit einem scharfen (!) Messer zugeschnitten. Hier muss man natürlich bei Schnitten gegen die Faserrichtung etwas aufpassen, damit das Holz nicht ausreißt.
Für das Einritzen der einzelnen Bretterfugen sollte man tunlichst kein (!) scharfes Messer benutzen. Bei der Gelegenheit kann man auch Schadstellen unten an den Brettern oder an den Rändern gleich darstellen.
Die Platten werden dann umgehend lackiert. Ich habe wieder die beiden Humbrol-Farbtöne benutzt, die auch hier gut verdünnt wurden. Die

Basis für das gestapelte Stroh ist ein Kern aus einer zugeschnittenen Dämmstoffplatte. Entsprechend der Größe und der versetzten Reihung der Ballen werden waagerechte und senkrechte Vertiefungen in den Dämmstoff geschnitten.

Die beiden „Kerne“ werden zunächst mit einer Abtönfarbe Ocker lackiert.

Strohballen für den Viehkomfort

Die vorbereiteten Strohstapel werden nun mit Holzleim bestrichen und umgehend mit Fasern bestreut. Dann drückt man die Fasern leicht an und zieht mit einer alten Nagelfeile die Stoßkanten der einzelnen Ballen nach.

Nachdem das Stroh mit Holzleim fixiert worden und auch loses Stroh auf dem Boden verteilt worden ist, kann man die restlichen Dachbalken aufkleben. Das Granieren erfolgt in bewährter Manier mit dem Farbton „Silvergrey“ von Vallejo.

Gealtert wird das Dach mit verdünnten Emailfarben, wobei hier auch ein Hauch von „Rost“ zu sehen sein darf. Dann wird auch das Dach graniert.

Neben dem Stroh können auch Geräte, Anhänger, Planen, Kisten oder auch Zaunpfähle Platz in der Scheune finden. Eine Leiter sollte auch nicht fehlen.

Mühe mit dem Einritzen der Bretterfugen wird erst beim Altern der Wandteile wirklich sichtbar.
Trotz Emailfarben haben sich die dünnen Platten etwas verzogen, was jetzt beim Verkleben mit den Balken wieder ausgeglichen werden muss. Deshalb streicht man die Balken reichlich mit Holzleim an, auch auf die Gefahr hin, dass man später den Klebstoff rückseitig wieder abkratzen muss. Leimzwingen in größerer Menge halten dann die Wände fix, bis der Klebstoff abgebunden hat.

Strohballen für den Viehkomfort

Basis für das gestapelte Stroh ist, wie schon mehrfach angewandt, ein Kern aus zugeschnittenen Dämmstoffplatten. Aufgrund des inneren Holzständerwerks muss man ein wenig überlegen und anpassen, damit auch wirklich zwei Blöcke von vorne in die Öffnungen passen und der zweite auch bündig an den ersten anschließt!
Entsprechend der Größe und der versetzten Reihung der Ballen werden waagerechte und senkrechte Vertiefungen in den Dämmstoff geschnitten bzw. gefeilt. Die beiden Kerne werden vorab mit Abtönfarbe in Ocker lackiert, später mit Holzleim bestrichen und dann unverzüglich mit Fasern bestreut. Dann drückt man mit den Fingern die Fasern an und zieht mit einer alten Nagelfeile die Stoßkanten der einzelnen Ballen nach.
Nachdem das Stroh mit Holzleim in die Scheune geklebt worden ist, können die restlichen Dachbalken ergänzt werden. Dann folgt das Granieren der Bretter und sichtbaren Balken in bewährter Manier mit dem Farbton „Silvergrey" von Vallejo.
Das fertig montierte Dach erhält seine Patina aus verdünnten Emailfarben, wobei auch ein Hauch von „Rost" zu sehen sein darf. Schließlich wird auch das Dach graniert.
Neben dem Stroh können auch Geräte, Anhänger, Planen, Kisten oder auch Zaunpfähle Platz in der Scheune finden. Einiges davon ist selbstgebaut, wie die Plane aus einem Papiertaschentuch oder die Pfähle aus zugeschnittenen und angespitzten Aststücken. Mit jeder Menge Bastelspaß ist hier ein ganz individuelles Modell entstanden, das nur noch beim zweiten Hinsehen als „Fahrzeugunterstand" zu erkennen ist.

Die Bretterverkleidung aus den dünnen Holzplatten ist gut gelungen, wie die Detailaufnahmen zeigen.

Busch-Heuschuppen

Lagerraum für Heu, Stroh, Geräte und Kleinteile

Die im vorigen Beitrag vorgestellte Feldscheune ist in Regionen zu finden, in denen große Ackerflächen auch große Mengen an zu lagerndem Stroh erwarten lassen. Eine solche Region ist z.B. das Rheinland mit seinen ertragreichen Böden. In anderen Regionen ist die Ackerfläche kleiner und die Grasfläche für die Heugewinnung größer. Aber auch für kleinere Mengen an Futter oder Einstreu muss Lagerraum geschaffen werden, teils abseits des Hofes, irgendwo am Wegesrand. Buschs Heuschuppen, mit seiner offenen Bauweise, bietet jede Menge gestalterische Möglichkeiten für genau dieses Motiv.

Der Bausatz ist in gewohnt hoher Qualität ausgeführt und bedarf kaum einer farblichen Nachbehandlung, sieht man einmal von der Einfärbung der Grundplatte sowie der Lackierung einzelner Dachziegel als Auflockerung einer sonst monotonen Dacheindeckung ab.
Ja, wie der Name Heuschuppen schon andeutet, sollte hier Heu (oder aber auch Stroh) gelagert werden, zumindest im mittleren Teil des Schuppens. Also benötigen wir Heu, und zwar gleich viel davon. Die einfachste Methode, um größere Stapel von Heu oder Stroh darzustellen, ist der Selbstbau

Ansicht des fertigen Heuschuppens, in dem natürlich auch Stroh lagern dürfte.

Teileübersicht des Bausatzes Heuschuppen, Art. Nr. 1382. Gut bewährt haben sich die Materialien Holz, Karton und Kunststoffe.

Das Ständerwerk aus Holz hat einen hervorragend graubraunen Farbton, so dass hier keinerlei Farbauftrag nötig ist. Lediglich die Grundplatte sollte grau lackiert werden.

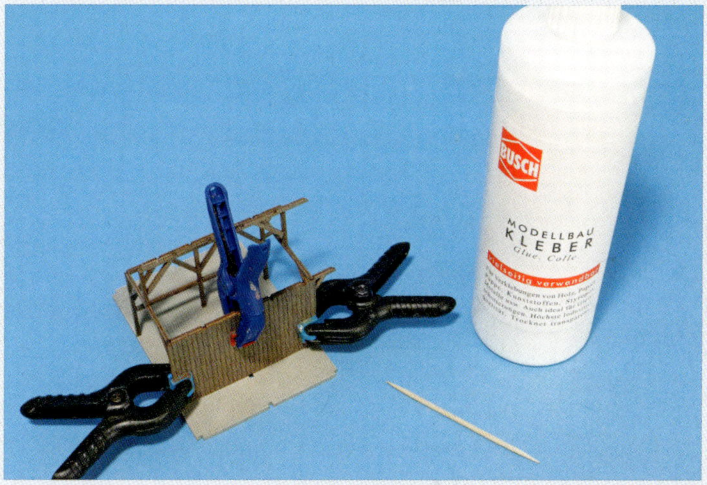

Damit die Bretterverkleidung des Schuppens genügend Kontakt mit den Pfosten und Balken des Ständerwerks bekommt, sollte man kleine Leimzwingen (Faller) einsetzen.

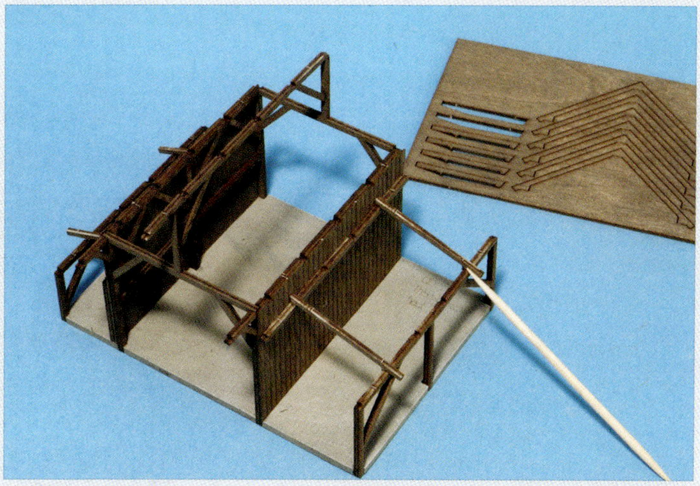

Zum Ausrichten der seitlichen Ständerwerke werden jeweils die passenden Dachbalken verwendet, die dann im nächsten Schritt nacheinander aufgeklebt werden.

Ergänzt um weitere Details wie einen abgestellten Fasswagen (s. S. 64) und Figuren ist ein schönes Motiv in ländlicher Umgebung entstanden.

aus einem weichen „Kern" (Dämmstoff) und der Verwendung von kurzen Fasern, die ggf. mit Sprühlack noch ein wenig nachgefärbt werden. Wichtig zu beachten ist allerdings, dass das fertige Produkt auch von vorne durch die Öffnung passt.

Dabei sind auch die aufgestreuten Fasern zu berücksichtigen!

Der Kern aus Dämmstoff wird im vorderen, sichtbaren Bereich so zugeschnitten, dass viele Einzelballen zu erkennen sind. Dies wirkt im fertigen Motiv deutlich lebendiger. Dabei sollte zumindest grob die Stapeltechnik berücksichtigt werden, bei der die Ballen immer so versetzt abgelegt werden, dass ein Verbund entsteht, der das Konstrukt nicht zum Kippen bringt. Die Ballen werden also lagenweise längs und dann quer abgelegt. Dies ist beim Zuschnitt schnell ersichtlich, insbesondere wenn man auch die sichtbaren Stapelfugen mit dem Messer einritzt und ggf. mit einer Feile zusätzlich vertieft.

Lose Ballen machen sich im vorderen Bereich des Schuppens sehr gut. Dort können sie auch einmal „schräg" angelehnt sein. Hierzu greift man dann aber auf die Produkte von Busch (Heu- und Strohballen, Art. Nr. 1212, hier verwendet) oder Faller (Heuballen, Art. Nr. 180907) zurück.

Rechts und links noch ein paar Kleinteile oder Geräte in die Anbauten gestellt und wieder ist ein wunderschönes Motiv für das Landleben entstanden.

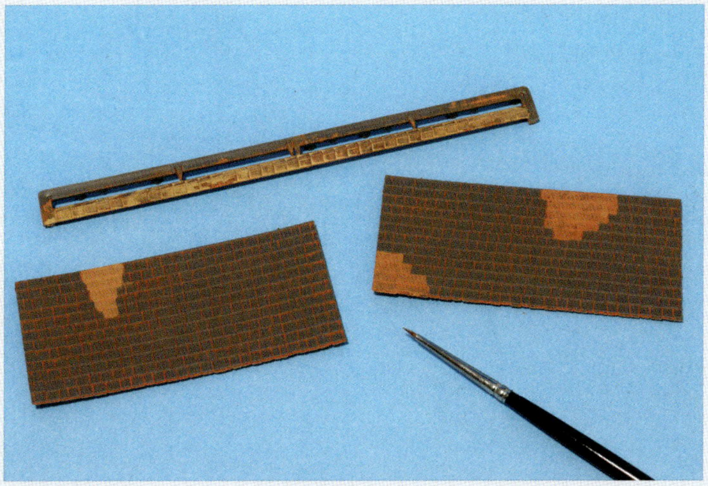

Um der Monotonie eines einfarbigen Dachs zu entgehen, werden einzelne Holzschindeln deutlich heller lackiert, so, als ob sie neu ersetzt worden sind. Ein guter Pinsel trägt zum Gelingen bei.

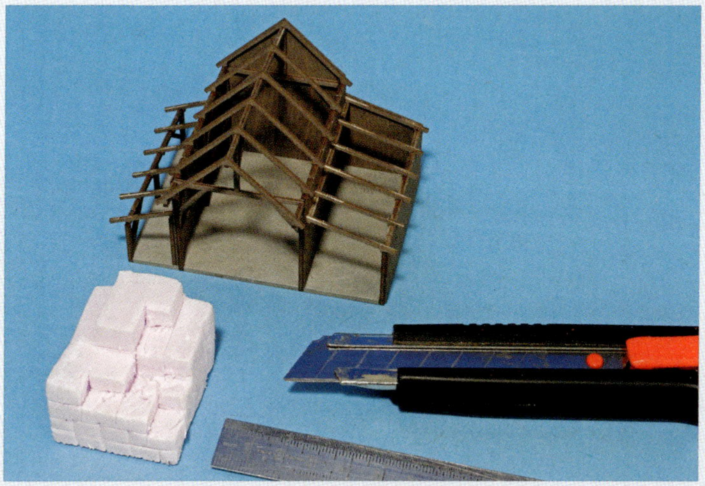

Der „Heuvorrat“ wird aus einem Stück Dämmstoffplatte zugeschnitten. Auch die Stoßkanten einzelner Ballen waage- und senkrecht werden mit dem Messer leicht eingeritzt.

Nach der Grundierung mit passenden Vallejo-Farben werden sofort kurze Fasern aufgestreut und mit den Fingern angedrückt.

Zur weiteren Detailgestaltung liegen hier diverse Dinge bereit: Fässer, Heuballen, Kannen, selbstgemachte Zaunpfähle, ein Pflug und Karrenräder. Man muss schauen, was der eigene Fundus so hergibt.

Zur Befestigung der Dachteile auf den Balken sollte man den Haftkleber von Busch benutzen.

Zum Schluss wird vor allem das Dach mit Farben und Lasuren von Vallejo verwittert und graniert.

Die unterschiedlich beladenen Holzwagen, hier die Variante mit Stammholz, in ländlicher Umgebung. Als Zugmaschine macht sich ein alter Lanz recht gut.

Ich möchte hier näher auf den Bau der beiden Heuwagen eingehen. Die Holzwagen (Art. Nr. 1386) sind bis auf die Ladung identisch und werden hier nur in passender Umgebung gezeigt.

Buschs Heu- und Holzwagen

Anhänger für verschiedene Zwecke

In der Landwirtschaft wurden schon immer Anhänger für den Transport benötigt. Schließlich musste die Ernte eingebracht, mussten Waren von A nach B oder Materialien vor Ort transportiert werden. Holzwagen waren über viele Jahrzehnte in verschiedenen Ausführungen und mit unterschiedlichen Aufbauten das gängige Transportmittel.
Von Busch gibt es zwei Packungen mit solchen Holzwagen, die bereits für den Einsatz hinter den kleinen Traktoren vorgesehen sind.

Der Bausatz mit der Art. Nr. 1385 besteht aus lasergeschnittenem Holz, ein paar Plastikteilen und den Achsen aus Metall. Das Holz ist recht hell, so, als ob die Wagen frisch aus der Stellmacherei ausgeliefert worden wären. Holz hat aber die Eigenschaft, mit der Zeit weißgrau zu werden. Wer nun diesen Zustand bevorzugt, der sollte die Teile bereits im Rahmen neu lackieren. Ich benutze dazu immer den Farbton Nr. 98 von Humbrol, ein Graubraun, das zumindest schon mal den Grundfarb-

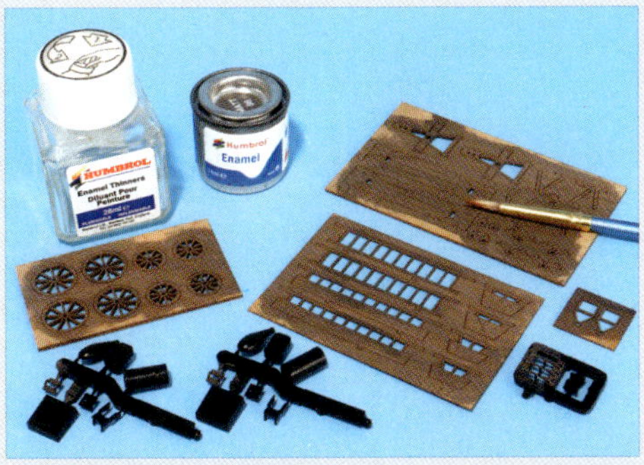

Echtholz, Kunststoff für den vorderen Teil der Deichsel und Metallstifte als Achsen gehören zu diesem kleinen Bausatz von Busch.

Die Laufflächen der Räder werden silbern lackiert. Damit dies gelingt, steckt man jedes Rad auf ein Stück Draht und rollt es über eine dünn ausgestrichene Farblache.

Stark verdünnte Emailfarbe (Humbrol Nr. 98) sorgt dafür, dass die Holzteile nicht mehr so „neu" aussehen. Auch die benötigten Kunststoffteile werden lackiert, allerdings unverdünnt.

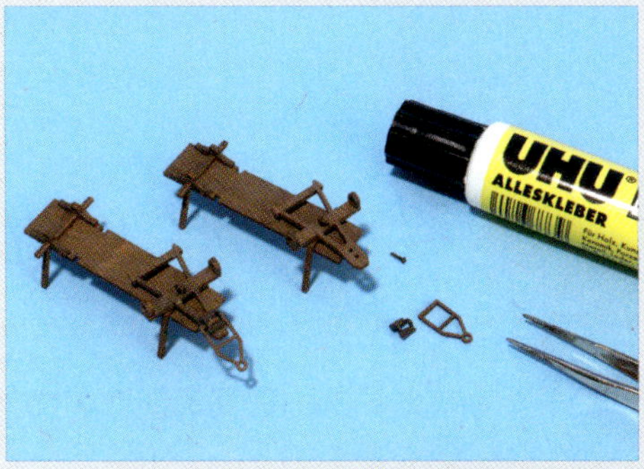

Bewegliche Teile werden mit Kunststoffteilen gesichert. Diese wiederum verklebt man vorsichtig mit einem Alleskleber am Holz.

Ein Rad wird bereits vorab auf die Achse geklebt. Das zweite erfolgt dann mit der Montage der Achse am Wagen. Aber Vorsicht mit dem Klebstoff! Schließlich sollen die Räder noch laufen.

Die Radnaben bekommen einen Klecks glänzender schwarzer Farbe ab, ehe der gesamte Wagen vorsichtig graniert wird.

Die Heuladung entsteht aus einem Dämmstoffkern, der „heugrün“ vorgefärbt wird und dann mit kurzen Fasern bestreut wird.

Die beiden fertigen Heuwagen, einmal mit, einmal ohne Beladung.

ton darstellt. Idealerweise verdünnt man die Farbe noch, damit die feinen Holzstrukturen nicht „zugekleistert“ werden.

Die Laufflächen der Räder sollten farblich in Silber abgesetzt werden. Mit dem Pinsel gelangt leider zu oft Farbe auf die Seitenkränze, was wiederum das Gesamtbild stört. Deshalb habe ich die Räder auf ein passendes Stück Draht gesteckt, Farbe dünn auf einer alten Kunststoffplatte ausgestrichen und dann die Räder durch die Farbe gerollt. Das Ergebnis ist auf jeden Fall besser als mit der Pinselmethode.

Der Zusammenbau der Heuwagen erfolgt gemäß der Bauanleitung. Hier muss man nur darauf achten, nicht zu viel Holzleim auf die Klebestellen zu streichen. Ein Zahnstocher hilft beim Auftragen. Die Kunststoffteile werden natürlich mit einem Alleskleber mit dem Holz verbunden. Je ein Rad klebt man zunächst auf die Achsstifte und richtet beides rechtwinklig aus. Erst dann steckt man die Achsen durch die entsprechenden Halterungen der beiden Wagen und verklebt jeweils das zweite Rad. Die Radnaben bekommen noch einen Klecks schwarze glänzende Farbe ab, ehe man die Heuwagen vorsichtig mit dem Vallejo-Farbton „Silvergrey“ graniert. Jetzt haben die Modelle auch den realistischen Grauschleier.

Ladungen nach Wunsch

Je nach Lust und Laune kann man die beiden Heuwagen noch beladen. Ich habe mich dafür entschieden, ein Modell mit einer Ladung Heu zu versehen, während der Boden des anderen Modells lediglich mit Heuresten bedeckt bleiben soll.

Wie bereits mehrfach praktiziert, besteht die Heuladung aus einem zugeschnittenen Kern aus Dämmstoff, der „heugrün“ lackiert und dann mit Fasern bestreut wird. Zum Kleben der Fasern dient das bekannte Leimgemisch. Die Fasern müssen noch angedrückt werden, da sie sonst in alle Richtungen abstehen. Ggf. bestreicht man sie nach dem Trocknen nochmals mit dem Leimgemisch, damit sich die Fasern weiter anschmiegen.

Eine Wiese mit Heuschwaden und die passenden Figuren von Preiser und schon hat man das ideale Umfeld zum Aufstellen der beiden Heuwagen. Wenn dann noch der Schienenbus „vorbeiknattert“ ist die Illusion perfekt.

Der Holzwagen mit dem Wasserfass steht bereit, um auf eine Kuhweide gezogen zu werden. Die Tiere brauchen immer frisches Wasser.

Heuernte Anno dazumal: Die beiden Heuwagen stehen bereit und müssen mühsam per Hand beladen werden. Jeder muss mit anpacken, damit das Heu trocken in die Scheune kommt.

Ein Bauernhof als Unikat

Imposanter Gutshof im Eigenbau

Reiner Schartmann ist ein wahres Multitalent unter den Modellbauern und vielleicht dem ein oder anderen Leser der MIBA bereits bekannt durch seine Lokomotiv-Selbstbauten im Maßstab 1 : 22,5 in einer Perfektion, die ihresgleichen sucht. Aber Reiner Schartmann kann auch Gebäude bauen, vornehmlich nach Motiven aus seiner Heimat Aachen und Umgebung, wie ich eindrucksvoll bei einem Besuch erleben konnte.
Und dann stand er da auf einer im Rohbau befindlichen Anlage, der imposante Bauernhof aus Ziegelsteinmauerwerk, ein echtes Kunstwerk, wie viele andere Gebäude, die ebenfalls im Eigenbau in unzähligen Stunden Arbeit entstanden waren.
Schnell war ein „Deal“ geschlossen, dass ich den Gutshof „ausleihen“ durfte und ihn mit einer passenden Landschaft umgeben konnte, um ihn dann mit der Kamera ins rechte Licht zu rücken.

Blick von schräg hinten auf das Gehöft. Die Scheune hat schon mächtige Ausmaße.

Der imposante Vierkanthof nach einem Vorbild im Aachener Westen ist komplett im Eigenbau entstanden. Ein echtes Schmuckstück hat Reiner Schartmann hier geschaffen, an dem jedes Detail stimmt.

Das Original des Gutshofs befindet sich im Aachener Westen und ist im 17. Jahrhundert als so genannter „Wehrhof" entstanden. Er lag weit außerhalb der Stadtbefestigung und musste deshalb wehrhaft gegenüber umherziehenden Banden sein, die es offenbar schon damals gab. Deshalb befinden sich auch nur wenige Fenster in den Außenmauern, die zusätzlich durch Gitter gesichert waren, um mögliche Eindringlinge abzuwehren. Für den Nachbau eines solchen Gebäudekomplexes benötigt man viele Fotos als Gedankenstütze, aber auch jede Menge Maße. Über Baupläne braucht man meistens – nicht nur bei so alten Bauwerken – nicht nachzudenken. Es gibt sie schlichtweg nicht, was ich aus eigener Erfahrung aus unzähligen Projekten leidvoll erkennen musste.

Also muss man mit Zollstock und Bandmaß zu Werke schreiten, um das Bauwerk zu vermessen. Und Maße sollte man reichlich nehmen! Das erspart später unnötiges Schätzen und Probieren! Schwierig wird es bei den Höhenmaßen. Mit viel Glück, langem Arm und stabilem Zollstock reicht man ungefähr an 4 Meter Höhe ran.

Recht zuverlässige Höhenmaße erhält man durch Auszählen von Steinreihen. Multipliziert mit der Höhe eines Steins plus der Breite einer Mörtelfuge

Die Farbgebung des gesamten Gebäudekomplexes ist perfekt gelungen. Hier erkennt man auch das nach hinten leicht ansteigende Gelände sehr gut.

Der gesamte Baukörper (auch die Dächer) besteht aus 4-mm-Sperrholz, das durch Spanten und Leisten an vielen Stellen verstärkt ist. Durch diese Konstruktion kann das komplette Gebäudeensemble gefahrlos aus dem Geländerelief herausgehoben werden.

und man hat ein recht solides Ergebnis. Funktionieren tut diese Methode sehr gut bei Ziegelsteinen, aber auch noch bei gleichmäßig behauenen Natursteinen.
Den gesamten Baukörper inklusive der Dächer hat Reiner Schartmann aus 4 mm starkem Sperrholz angefertigt. Zusätzliche Spanten und Leisten verstärken den Unterbau und sorgen für ausreichend Stabilität und Rechtwinkligkeit.
Die verschiedenartigen Fassaden und auch die Dacheindeckung aus Dachziegeln bzw. Betondachsteinen entstanden aus den bekannten Kunststoffplatten von Kibri und Vollmer.
Die Einfassungen der Kreuzstockfenster sind aus 2 x 2 mm starken Holzleisten hergestellt. Die Fensterrahmen bestehen aus Polystyrolstreifen, die mit dem Cuttermesser zugeschnitten und dann mit einem dünnflüssigen, aber schnell abbindenden Klebstoff fixiert wurden.
Die Gitter vor den Fenstern sind aus 0,3-mm-Messingdraht entstanden. Auch das Tor ist aus 0,3-mm-Messingdraht und dünnem Messingblech gelötet. Erst die Nahaufnahmen mit der Kamera verdeutlichen, welch exakte Arbeit hier vollzogen wurde. So zieht sich dieser Detailreichtum über das ganze Gebäude! Für die Regenrinnen wurde 2-mm-Alurohr zur Hälfte weggefeilt und von unten mit Rinneisen aus 0,1-mm-Alublech (0,3 mm breit) versehen!

Das Geländerelief direkt um den Gebäudekomplex des Gutshofes besteht ebenfalls aus verleimtem Sperrholz und berücksichtigt jede Erhebung entlang der Hofmauern. Ineinander gestellt und vor Ort auf der Anlage platziert, kann dann die Gestaltung der Landschaft erfolgen.

Blick durch das geöffnete Tor in den Gutshof.

Der Misthaufen in der Mitte der Hoffläche war bisher noch nicht gestaltet. Lediglich eine Umrandung aus Ziegelsteinen ist vorhanden. Basis für den Misthaufen ist ein Stück Dämmstoffplatte, das mit einem scharfen Messer in die gewünschte Form gebracht wird. | Nach dem Zuschnitt wird das Material mit einer braunen Abtönfarbe gestrichen.

Zunächst bestreicht man den Dämmstoff mit unverdünntem Holzleim, streut beige und gelbe Fasern sowie Gartenerde auf, ehe man die Oberfläche mit dem bekannten Leimgemisch aus Holzleim, Wasser und Spülmittel durchtränkt und ggf. weitere Streumaterialien aufträgt. | Ist die Oberfläche gut durchgetrocknet, tupft man mit der Lasur Sepia von Vallejo Teilbereiche des Misthaufens nach.

Der fertig gestaltete Misthaufen kann nun einfach zwischen die Begrenzung gelegt oder geklebt werden. Als nette Details auf der Innenhoffläche machen sich z.B. Säcke, Milchkannen, Heu- und Strohballen, Gerätschaften wie Gabeln oder Besen sowie eine Bank, auf der der Bauer, wenn er mit seinem Lanz auf den Hof geknattert ist, erst einmal eine Pause machen kann.

Die vordere „Krolle“ aus Stahldraht (0,2 mm) darf natürlich nicht fehlen. Die Fallrohre bestehen aus 1,2-mm-Aludraht.
Neben den bekannten Emailfarben für die Grundfärbung des Hofes kamen Abtönfarben aus dem Baumarkt für das Farbfinish beim Verfugen und Altern zum Einsatz.
Entstanden ist ein Meisterwerk. Egal, wohin man den Blick schweifen lässt, man entdeckt immer wieder neue faszinierende Details, die erkennen lassen, dass der Erbauer das Originalbauwerk mit wachem Auge wahrgenommen und versucht hat, jede Kleinigkeit exakt nachzubilden.
Dabei hat die leichte Hanglage der Hofanlage das Bauvorhaben nicht unbedingt vereinfacht.
Aber mehr als viele Worte mögen die Bilder für die Qualität dieses Unikats sprechen. Staunen Sie, so, wie ich es damals gemacht habe.

Der Unterstand, der genau für einen Anhänger Platz bietet, ist ein weiteres nettes Detail der Hofanlage.

Die Fenster des Wohngebäudes sind äußerst filigran ausgeführt und halten auch der Betrachtung aus der Nähe stand!

V 100 1075

Zum Melken werden die Kühe in den Stall getrieben. Der Bauernsohn hat sie alleine von der Weide geholt. Eine Arbeit, die zweimal täglich zu machen ist. Neben der Stalltür stehen die Milchkannen schon bereit. Alle Figuren und die Milchkannen sind aus dem Set Auf dem Bauernhof Art. Nr. 13001 von Preiser, die Tiere stammen aus dem Set Kühe, schwarz/weiß Art. Nr. 14408 (ebenfalls Preiser), der Bauernhof ist von Busch, der Misthaufen samt Greifer hinten rechts ist von Faller.

Tiere auf dem Land

Landleben. Der Wunsch vieler Menschen nach Ruhe, Idylle und irgendwie gearteter heiler Welt. Zeitschriften zum Thema sind der Renner und finden sich in den Auslagen der Zeitschriftenhändler in vorderster Reihe. Aber nicht nur im echten Leben, sondern auch auf unserer Modellbahn wird dieses Thema immer wieder gerne aufgegriffen. Sich seine eigene kleine romantische Welt en miniature erschaffen, grüne Landschaften, mit Wiesen und Äckern, mit Dörfern und Bauernhöfen, aber auch mit den dazugehörigen Tieren!

Kühe, Schweine, Pferde, Schafe, Ziegen und Federvieh wie Hühner, Enten und Gänse tummeln sich meist rund um einen Bauernhof, aber auch der „kleine Mann" hielt sich früher ein paar Tiere zur Selbstversorgung und seien es nur einige Hühner und ein Mastschwein, dessen Ende dann meist im Herbst war, wenn geschlachtet wurde und die Fleischvorräte für den Winter produziert und haltbar gemacht wurden.

Für den Modellbauer gibt es einiges zu bedenken und viel zu gestalten. Jede Tiergattung hat ihre Eigenart, auf ihren Weiden zu grasen, den Untergrund mit Hufen und Klauen zu be- und zertreten. So ist es jedem klar, dass dort, wo Schweine gehalten werden, auf kurz oder lang kein grünes Hälmchen mehr zu finden ist. Oder die Plätze, an denen sich Tiere häufig sammeln, z.B. an Toren und Zugängen, sind meist ohne Bewuchs und die blanke

Erde ist zu sehen. Zäune sind ebenfalls individuell auf die Tiere auszurichten, die auf den entsprechenden Weiden gehalten werden. Stacheldrahtzäune für die Kühe und stabile Schwartenzäune aus Holz für Schweine sind hier mal als Beispiele erwähnt.

Und dann fehlen noch die Tiere, die das ganze Motiv erst mit Leben füllen. Diese gibt es z.B. (inklusive einer großen Auswahl an passenden ländlichen Personen) aus dem Hause Preiser.

Ein Tipp zum Lackieren von Kühen aus der Standardserie des Herstellers mag für Sie als Anregung dienen, selbst einmal zu Farbe und Pinsel zu greifen. So schwierig ist das gar nicht!

Die Fa. Preiser bietet jede Menge Figurensets in der preisgünstigen Standardserie an. Darunter befindet sich auch eine Packung mit 30 Kühen in der Farbe Schwarzweiß (Art. Nr. 14408). Die Tiere sind „nur" schwarzweiß. Details, wie Hörner, Klauen, Euter sind nicht extra farblich hervorgehoben. Dies ist aber recht einfach mit etwas Farbe und guten Pinseln zu korrigieren.

Für mein „Tuning"-Programm habe ich mir Emailfarben von Revell ausgesucht. Man kann aber genauso gut auf die Farben von Humbrol oder ModelMaster zurückgreifen. Um nun aber die feinen Details wirklich exakt anmalen zu können, benötigt man „gute" Pinsel, also solche mit einer geformten Spitze. Einfache Standardpinsel reichen dazu wirklich nicht aus!

Nun ja! Aber wie sieht die „Schwarzbunte" denn in Natura aus? In Ermangelung eigener Kühe bzw. der Ansicht solcher Exemplare auf einer Wiese nebenan entschied ich mich, das Internet in Form von Herrn oder Frau Google zu bemühen. Hier findet nun der Hobbylandwirt und Figurenverbesserer nahezu jede erdenkliche bildliche Ansicht der Kuhrasse seiner Wahl!

Nun gilt es aus dem reichhaltigen Farbsortiment die möglichst passende Farbe zu finden. Exakt trifft

Auf dem Bauernhof werden auch ein paar Ziegen gehalten. Direkt neben dem Stall befindet sich die Weide für die Tiere. Während die Bauerstochter den Tieren frisches Wasser bringt, macht sich der Bauer mit seinem Lanz auf den Weg zum Grasschnitt. Das Wetter soll in den nächsten Tagen schön bleiben, ideal zum Heumachen (Ziegen aus der Packung Ziegen, Schweine Art. Nr. 14162, Frau mit Eimer aus dem Set Art. Nr. 13001, Ackerschlepper Lanz Art. Nr. 17925 (alle Artikel von Preiser), Gebäude Busch).

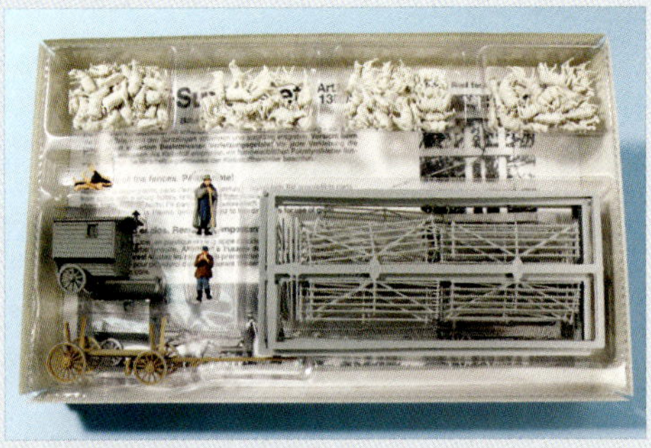

Ansicht der Großpackung Kühe schwarz/weiß, Art. Nr. 14408. Die vorne aufgestellten sechs Tiere sind jeweils fünfmal vorhanden. Ein Bulle, ein Kalb und vier Kühe in unterschiedlicher Haltung. I Die Packung Schäferei mit Schafpferch und Karren, Art. Nr. 13003, bietet sich auch geradezu an, ländliche Szenen mit Leben zu füllen. Dazu an anderer Stelle später aber mehr… I Ziegen und Schweine aus der Packung Art. Nr. 14162 sind nicht nur auf dem Bauernhof zu finden. Sie wurden früher auch privat zur Fleisch- bzw. Milchversorgung gehalten.

Das Euter und der Nasenspiegel werden mit dem Revell-Farbton Nr. 35 lackiert. Allerdings kann der Nasenspiegel durchaus auch mit verdünnter Farbe gestrichen werden, da er in der Natur vielfarbig sein kann. Oben die Kühe frisch aus der Packung, unten nach dem ersten Lackiergang. I Als nächstes lackiert man die Klauen z.B. mit dem Revell-Farbton Nr. 87. Ein spitzer Pinsel sollte hier immer Verwendung finden. I Die Hörner sollten etwas heller ausfallen. Deshalb mischt man den Revell-Farbton Nr. 87 z.B. mit der Humbrol-Farbe Nr. 83. Auf einem Blechdeckel als Mischpalette werden immer neue Farbnuancen erzeugt.

Schließlich bekommt die Quaste noch ein wenig Farbe aus einem verdünnten Gemisch aus Revell Nr. 16 und Nr. 82 ab. Die Farbe sollte nicht decken. I Mit den Lasuren Schwarz und Sepiabraun von Vallejo, verdünnt mit Wasser, bricht man die doch zu sehr dominanten Grundfarbtöne. Gleichzeitig werden Vertiefungen am Körper betont bzw. man erkennt, dass die Tiere verschmutzt sind. Das hängt von dem Lasuranteil im Verhältnis Wasser ab. I Mit dem Farbton „Silver Grey" von Vallejo, der mit einem flachen Pinsel in kleinen Mengen aufgetragen wird, unterstreicht man die hervorragend modellierten Körperpartien der Modell-Kühe. Die beiden Tiere rechts und links außen sind noch unbehandelt.

Die sechs verschiedenen Modell-Kühe von Preiser, nachdem sie farblich behandelt wurden. I Natürlich lassen sich diese Lackiervorschläge auch auf die andersfarbigen Kühe aus dem Preiser-Sortiment übertragen.

man den Farbton nie. Mischen und verdünnen auf einer Palette führt aber meist zu einem sehr ansprechenden Ergebnis. Zwischendurch wird immer wieder mit einem Originalbild verglichen. Und eine Kuh gleicht auch nicht der anderen! Sehr auffällig wird dies beim Nasenspiegel der Tiere, der recht unterschiedliche Farbnuancen annehmen kann. Diese Vielfalt sollte man durchaus auch im Modell zu erzeugen suchen!

Zur Erzeugung einer Tiefenwirkung an den Körpern, aber auch einfach zur Darstellung von leicht verschmutzten Tieren habe ich Acrylfarben von Vallejo benutzt. Ebenso für die Betonung der hervorragend modellierten Körperpartien der Modell-Kühe.

Der Vorteil der wasserlöslichen Farben ist, dass sie die zuvor aufgetragenen Farben nicht wieder anlösen, was eine deutliche Zeitersparnis bedeutet. Arbeitet man diese Lackierschritte mit lösungsmittelhaltigen Farben heraus, müssen die Grundfarben mindestens einen ganzen Tag getrocknet sein, eher noch länger!

Sie sehen, Tiere auf dem Land ist ein vielschichtiges Thema und so möge der Tipp zur Bemalung der Kühe in Zusammenhang mit den hier gezeigten Motivbildern aus ländlicher Umgebung für Sie als Anregung dienen, sich auch an die Gestaltung solcher Szenen zu trauen.

Auf einer kleinen Fläche zwischen Straße und Teich wird das Gras noch mit der Sense gemäht, da der Einsatz eines Traktors nicht wirklich lohnt. (Männer mit Sense aus dem Set Heuernte Art. Nr. 10045, oder aus dem Set Art. Nr. 13001, Bauernhof Faller).

Hühnerhaltung auf einem Privatgrundstück mit einem hohen Maschendrahtzaun umgeben. Direkt vor dem Stall wächst kein Gras mehr, weil die Hühner mit der Zeit die Grasnarbe zerstören. Sie haben wohl gerade frische Salatabfälle bekommen, die sie gierig fressen (Preiser Hühner Art. Nr. 14168).

Preiser-Schäferei

Schäfchenzählen am Morgen

Im reichhaltigen Sortiment der Fa. Preiser findet man nette Zusammenstellungen von Figuren menschlicher und tierischer Art, Fahrzeugen und Anhängern sowie passendem Zubehör, die echte Hingucker bei der Gestaltung ländlicher Motive ermöglichen.
Für ein solches Motiv habe ich mir hier einmal das Set „Schäferei", das unter der Art. Nr. 13003 angeboten wird, ausgesucht. Es besteht natürlich aus reichlich Schafen, zwei Hunden, dem Schäfer samt Gehilfen, einem Schäferkarren und einem Transportkarren (allerdings mit Deichsel für ein Pferdegespann) und einem Zaunsystem zur Errichtung eines Schafpferchs.

Die Umgebung für dieses Projekt ist auch schnell definiert. Ein Bahndamm einer Nebenbahnstrecke mit einem kleinen Durchlass samt Rinnsal, im Vordergrund auf der einen Seite eine brach liegende Fläche, davor ein Weg samt Wegkreuz und Bank, ein Hochstand für die Jäger, während sich rechts des Rinnsals eine eingezäunte Wiese befindet, auf der gerade die Heuernte im vollen Gange ist.

Auf dieser Brache hat nun der Schäfer mit seiner Herde das Nachtquartier aufgeschlagen und einen Pferch für die Tiere errichtet. Jetzt am Morgen ist es Zeit mit den Tieren weiterzuziehen. Er hat ein Zaunelement geöffnet und die Tiere wissen sofort, dass es jetzt weitergeht. Die entsprechenden lauten Kommandos an die Hunde und die Schafe und der Tross setzt sich in Bewegung…

Soweit die Theorie. Und die Praxis bietet jede Menge Bastelspaß. Angefangen mit der Verfeinerung von Figuren und Zubehör bis hin zur Gestaltung des Pferchs. Fangen wir gleich einmal mit der Verfeinerung des Set-Inhalts an. Bekanntermaßen sind die Figuren aus dem Hause Preiser exzellent bemalt. Da tut man sich als Laie schon schwer, es besser zu machen. Natürlich sind dem Ganzen auch Grenzen gesetzt. Was soll schließlich eine solche Packung kosten, wenn z.B. jedes Schaf noch zusätzlich bemalt wird oder wenn Zaunelemente auch farblich behandelt wurden.

Vorbereiten des Zauns

Hier beginnt jetzt die Arbeit des Modellbauers, sich solcher Dingen anzunehmen. Da wäre zunächst der Zaun. Ich bin einmal davon ausgegangen, dass es sich bei den Zaunelementen um Holz handelt. Also habe ich diese mit einem entsprechenden Farbton noch in den Rahmen grundlackiert. Wer die Pfosten aus dem Set verwenden möchte, kann diese jetzt auch bemalen. Zwei Lasuren aus dem Vallejo-Programm sorgen für die Verwitterungsspuren. Graniert wird der Zaun schließlich mit dem Farbton „Silver Grey“, ebenfalls Produkt von Vallejo.

Optimieren des Schäferkarrens

Der Schäferkarren ist fertig montiert und so gut verklebt, dass man ihn nicht mehr in seine Einzelteile zerlegen kann, was nun die Arbeit an dem Modell ein wenig verkompliziert. Aber mit Hilfe von diversen Pinseln, u.a. einem mit einer geformten Spitze, können trotzdem sehr schöne Ergebnisse erzielt werden. Diverse Emailfarben der bekannten Hersteller stehen bereit.

Durch Auftupfen gemischter Farbtöne, die wiederum den Eindruck von unlackiertem (aber leicht verwittertem) Holz hinterlassen, erscheinen die Wände des Karrens so, als ob die Farbe an manchen Stellen abgeblättert sei. Erdbraune Farbe im und am Bodenbereich des Karrens lassen aufgespritzte Erde vermuten. Ein rostiges Ofenrohr, farblich abgesetzte Türbeschläge und -verschlüsse, metallisch abgesetzte Bänder auf den Laufflächen der Holzräder oder schlichtweg gefettete, glänzende Radnaben bieten ein schier unendliches Betätigungsfeld zur Verfeinerung des Modells.

Vorbereiten des Zauns

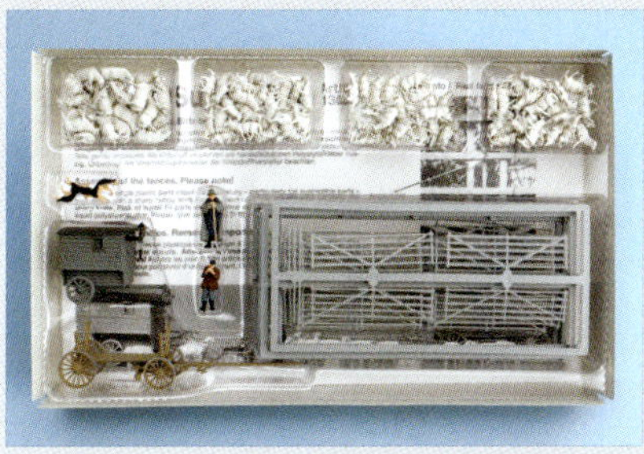

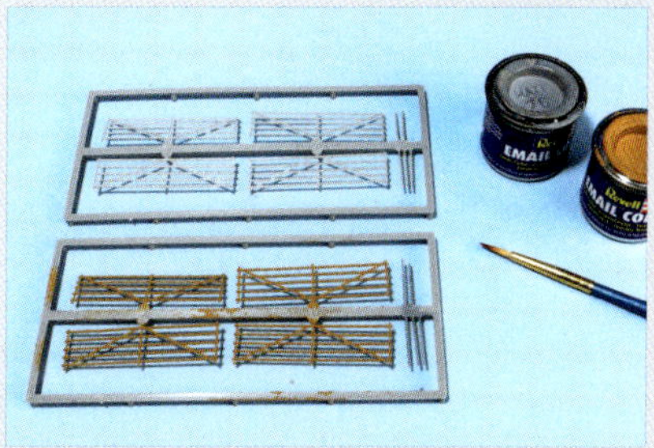

Preiser bietet unter der Art. Nr. 13003 ein komplettes Set zum Thema Schäferei an. Neben einer beachtlichen Zahl an Schafen finden wir in dieser Zusammenstellung einen klassischen Schäfer mit Mantel, einen Gehilfen, zwei Hunde, einen Schäferkarren und einen Transportkarren und ein Zaunsystem, um einen Schafpferch zu bauen. I Die einzelnen Zaunelemente werden bereits im Rahmen lackiert. Wer die Pfosten des Bausatzes verwenden möchte, sollte diese jetzt ebenfalls anstreichen.

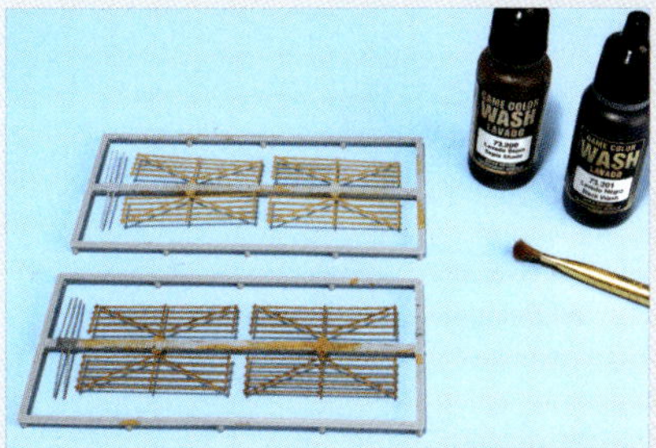

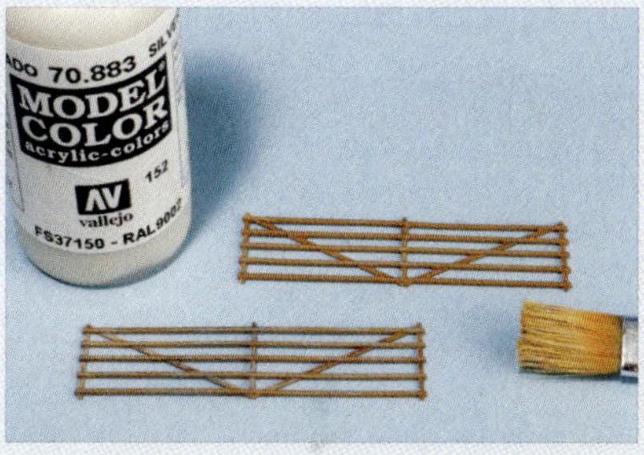

Die Verwitterung des Holzes ist schnell mit wasserverdünnten Lasuren von Vallejo bewerkstelligt. I Die Zaunelemente werden schließlich noch mit der hellgrauen Farbe von Vallejo graniert.

Die Zaunpfähle entstehen aus Stabilitätsgründen besser aus Blumensteckdraht. Entsprechend der Anleitung in der Packung wird der Abstand der Pfähle zueinander bestimmt. Die Drahtstücke werden lediglich mit Holzleim in die zuvor gebohrten Löcher geklebt. I Die Pfähle werden mit einer Emailfarbe hellgrau gestrichen.

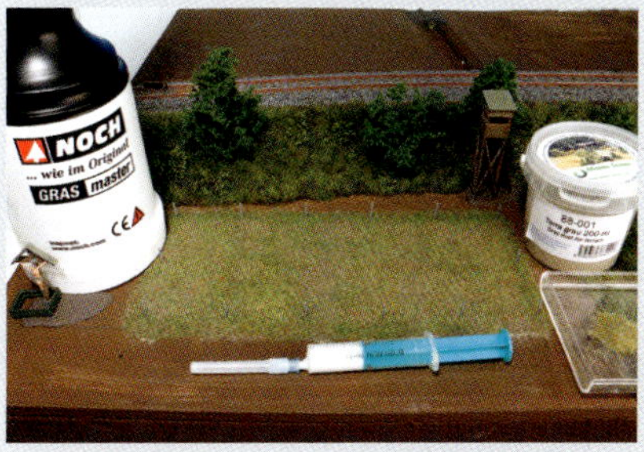

Der (teilweise flachgetretene) Bodenbelag des Pferchs entsteht aus Sand, der mit Erde bestreut wird. Beides wird gut mit dem bekannten Holzleimgemisch durchtränkt, ehe kleine Mengen Fasern mit dem Grasmaster von Noch aufgetragen werden. Einige lose per Hand aufgestreute beigegelbe Fasern können auch nicht schaden. I Die Zaunelemente werden mit wenig Sekundenkleber an die Pfosten geklebt. Dabei überlappen die Zaunstücke leicht.

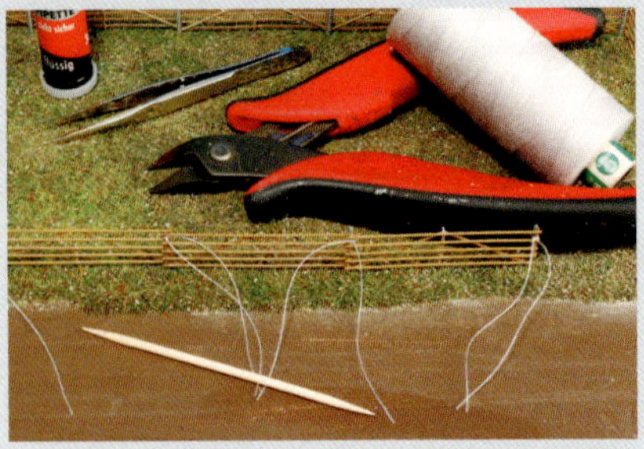

Wie auch in der Packung beschrieben, werden nun Garnstücke oben um die Pfosten und die überlappenden Zaunelemente geknotet und mit Sekundenkleber fixiert. Nach dem Trocknen des Klebstoffs schneidet man die Enden großzügig ab. Unten kann man sich die Verknotung sparen, da der Bewuchs außerhalb des Pferchs diese Arbeit unsichtbar macht. **I** Nun werden die Schafe einzeln mit dem Busch-Haftkleber, beginnend an dem geöffneten Zaunelement, aufgeklebt. Der Klebstoff braucht allerdings etwas Zeit, ehe er abbindet.

Frisch aus der Verpackung wirken die Schafe leicht graustichig. Also werden sie mit einem Farbgemisch aus (überwiegend) Weiß und Ocker neu gestrichen, wobei Beine und Kopf etwas heller ausfallen sollten als das Wollvlies. **I** Für die Färbung der Klauen werden die Schafe einfach in den Farbklecks gestellt werden. Das spart wirklich Zeit.

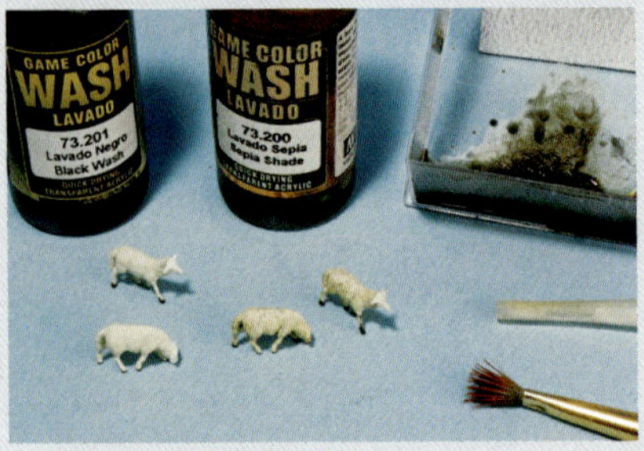

Stark mit Wasser verdünnte Lasuren von Vallejo betonen das Fell der Tiere. Die Köpfe sollten nahezu frei bleiben. **I** Eine komplette Neulackierung wäre kaum möglich. Trotzdem kann man dem Karren mit diversen Emailfarben ein tolles Farbfinish verpassen.

Schließlich sorgen zwei Lasuren und der Farbton „Silver Grey" von Vallejo für die gewünschte Tiefenwirkung und die obligatorischen Lichtspitzen an dem schönen Modell. **I** Der fertig „getunte" Schäferkarren in der Nahansicht. Die Kiste als Trittstufe in den Karren liegt dem Bausatz nicht bei, stammt aber auch aus dem Preiser-Sortiment.

Die bereits erwähnten Lasuren und der Grauton von Vallejo sorgen für die gewünschte Tiefenwirkung und die obligatorischen Lichtspitzen an dem Modell. Eine Holzkiste dient als Trittstufe in den Karren. Sie liegt dem Bausatz nicht bei, stammt aber ebenfalls aus dem Sortiment von Preiser. Den Wagen für den Transport der Zaunelemente habe ich bewusst nicht verwendet. Man sollte ihn durch einen moderneren mit Seitenwänden und Gummibereifung ersetzen. Als Zugmaschine wäre ein Lanz, vor allem auch für den Schäferkarren mit seiner Deichsel, gut denkbar.

Optimieren der Schafe

Die Schafe haben, betrachtet man sie genauer, einen minimalen Graustich, der mir wiederum nicht so recht gefallen wollte. Außerdem ist das Schaf an sich zweifarbig, um es mal unfachmännisch auszudrücken. Kopf und Beine unterscheiden sich in Nuancen von dem Wollvlies. Also habe ich mich kurzerhand dazu entschlossen, alle (!) Schafe neu zu lackieren. Ehrlich gesagt macht das zwar deutlich mehr Arbeit, aber man sieht auch später das Ergebnis seiner Mühe!

Ich habe dazu matte weiße Emailfarbe leicht mit einem Ockerton gebrochen, für das Vlies mehr als für Kopf und Beine. Man erkennt den Unterschied deutlich. Und wenn man dann einmal so richtig bei der Sache ist, traut man sich auch an die Klauen der Tiere. Man kann sie natürlich mit einem feinen Pinsel einzeln bemalen. Aber für die „Großserienproduktion" dieses Sets ist es einfacher, die Farbe, bestehend aus einem Farbgemisch, dünn auf einem ausrangierten Blechdeckel zu verteilen und die Schafe vorsichtig auf diesen Farbklecks zu stellen.

Die Augen der Tiere habe ich nicht aufgetupft. Häufig wirkt dies wie gewollt und nicht gekonnt. Also lässt man es besser gleich. Für eine deutlich plastischere Wirkung des Wollvlieses sorgen nun noch stark mit Wasser verdünnte Lasuren von Vallejo.

Kommen wir nun zu dem Schafpferch. Zunächst wird die Fläche durch Linien markiert. Dabei multipliziert man den Abstand der Zaunpfähle zueinander, wie in der Anleitung angegeben, mit dem gewünschten Faktor. Allerdings sollte man dabei die Gesamtzahl der Zaunelemente im Auge behalten. Ich habe die dem Set beiliegenden Kunststoffpfähle durch solche aus Blumensteckdraht ersetzt.

Sie sorgen für deutlich mehr Stabilität. Man klebt sie mit ein wenig Holzleim in zuvor gebohrte Löcher. Schließlich lackiert man die Pfähle hellgrau. Die Gestaltung des Pferchs inklusive eines schmalen Rands außerhalb wird in bekannter Manier durchgeführt. Zuerst wird eine dünne Schicht feiner Sand (grau oder braun) aufgestreut und mit dem bekannten Holzleimgemisch durchtränkt. Hierauf streut man dann Erde (selbst ausgesiebt oder z.B. von Model Scene) und feine Flocken auf. Das Ganze wird nochmals mit dem Leimgemisch beträufelt, ehe man kurze Fasern z.B. mit dem Grasmaster von Noch „aufschießt“. Aber nur in Maßen! Schließlich haben die Schafe eine Nacht gegrast und gelegen. Deshalb sollte man auch gelbbeige Fasern per Hand aufstreuen, die dann überwiegend flach auftreffen.

Die Zaunelemente werden mit wenig Sekundenkleber an die Pfosten geklebt. Sie überlappen ein wenig. Dann werden sie mit Nähgarn, wie in der Anleitung gezeigt, an die Pfosten geknotet. Sekundenkleber fixiert den Knoten dauerhaft. Das Garn wird dann mit einem Seitenschneider nicht zu kurz abgeschnitten. Die Verknotungen habe ich allerdings nur oben an den Pfählen gemacht. Die anschließende Begrünung des Umfelds mit Vliesen von Heki macht diesen Bereich nahezu nicht einsehbar, was die zusätzliche Mühe überflüssig macht. Jetzt fehlen nur noch die Schafe, die wie eingangs bereits erwähnt, sich im Aufbruch befinden. Deshalb werden die ersten Tiere an dem geöffneten Pferch platziert. Bei der Menge an Schafen wollte ich auf einen Alleskleber mit dem obligatorischen „Leimfadenziehen“ verzichten! Deshalb habe ich hier den Haftkleber von Busch benutzt. Er wird auf einem Stück Kunststoff ausgestrichen. In diesen Leimklecks hält man dann die Klauen der Schafe und setzt sie an der gewünschten Stelle auf. Dabei sollte man schauen, dass die Tiere durch Unebenheiten des Untergrunds nicht „windschiff“ stehen. Der Klebstoff braucht allerdings ein wenig zum Abbinden, was den Arbeitsfortschritt etwas behindert. Aber nach einiger Zeit steht die „Mannschaft“ (woher habe ich diesen Ausdruck denn bloß ???) bereit, gerade so, als ob sie sich gezielt in eine Richtung bewegt.

Schäfer, Gehilfe, Hunde und der Schäferkarren ergänzen das Motiv. Während der Schäfer nun mit seiner Herde weiterzieht, baut der Gehilfe den Pferch ab, verlädt den Zaun und transportiert die Ausrüstung zum nächsten Nachtquartier, wobei er jetzt schrecklich müde geworden ist vom Schäfchenzählen am Morgen… Vielleicht genehmigt er sich noch ein Nickerchen im Karren. Der Tag ist ja noch lang.

Ein wirklich tolles Motiv stellt die Schäferei von Preiser in einer ländlichen Umgebung dar. Existiert dann auch noch ein Bahndamm mit Epoche-III-Betrieb, dann ist die Idylle perfekt.

Man hilft sich gegenseitig. Während die Männer überwiegend damit beschäftigt sind, die vollen Säcke auf den Anhänger zu stemmen und dort ordentlich abzustellen, sammeln die Frauen mühsam die Erdäpfel in Körben auf.

Preiser-Kartoffelernte

Action auf dem Kartoffelacker

In der „guten alten“ Zeit war das Leben auf dem Bauernhof extrem von harter körperlicher Arbeit geprägt. Viel Handarbeit war vonnöten einhergehend mit ausreichend helfenden Händen, um die Ernte einzubringen, sei es beim Heumachen, der Getreideernte oder z.B. bei der Kartoffelernte.

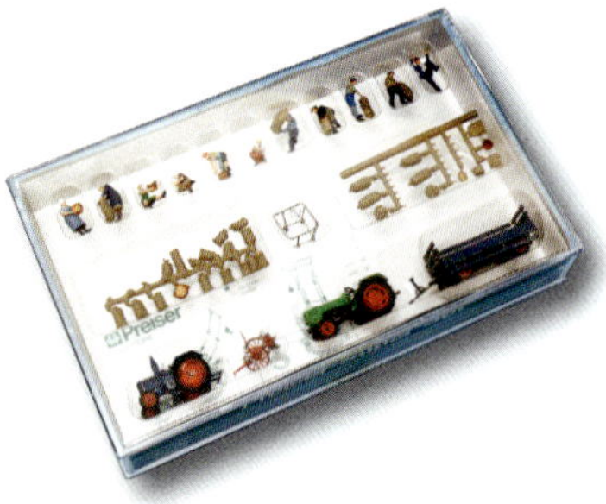

Preisers Set „Kartoffelernte“ (Art. Nr. 13008) besteht aus zwei Traktoren, einem Anhänger, einer Kartoffelschleuder, jeder Menge passender Figuren, Säcken und Körben.

Man stelle sich einmal vor, wie die Kartoffeln auf einem (damals noch kleinen) Acker mit Gabeln ausgeworfen werden mussten. Das ist beim Hobbygärtner in seinem Nutzgarten auf einigen Quadratmetern schon eine echte Plackerei. Aber auf einer größeren Fläche? Mal ganz davon abgesehen, dass die Erdäpfel dann auch noch in gebückter oder kniender Haltung wiederum per Hand aufzusammeln waren.

Jede maschinelle Errungenschaft machte es dem Bauern ein wenig leichter, seien es die Ackerschlepper oder aber die Maschinen, die zur Ernte oder zur Bearbeitung der Äcker mit den Schleppern betrieben werden konnten.

So eine Erfindung war die „Kartoffelschleuder“, die die Kartoffeln im wahrsten Sinne des Wortes aus dem Erdreich „fegte“, nebst den entsprechenden Staubwolken, die bei trockenem Wetter den

Schlepper durch aufgewirbelte feine Erde umgaben. Während der Schlepper den Acker im Verlauf der Kartoffelhügelreihen befuhr, warf das Gerät die Kartoffeln seitlich im 90-Grad-Winkel auf die bereits abgeernteteFläche, natürlich nebst dem erfassten Erdreich (vgl. mit Vorbildfoto rechts, Freilichtmuseum Lindlar).
Das wäre ein belebendes Element für die Modellbahn! Der Erntevorgang als solcher auf einem Acker, mit dem passenden Gerät und Figuren, die die Kartoffeln auflesen und abtransportieren.
Und da kommt die Fa. Preiser mit ihrem Themenset „Kartoffelernte" ins Spiel. Dieses Set mit der Art. Nr. 13008 umfasst neben zwei Traktoren, einem Hänger mit heruntergeklappter Bordwand, natürlich der „Kartoffelschleuder", auch jede Menge Figuren und Zubehör wie Säcke und Körbe. Es fällt allerdings auf, dass die beiden Traktoren aus deutlich unterschiedlichen Epochen stammen. Falls man sich nun für eine Szene in der Eisenbahnepoche III entscheidet, sollte man den „modernen" Deutz tunlichst nicht benutzen. Spinnt man sich die Szene schön, kann man altes und neues Gerät natürlich verwenden. Wer will es ausschließen, dass irgendwo ein alter Lanz mit angebauter Schleuder auch später noch zum Einsatz kam und viele helfende Hände die Kartoffeln per Hand aufgelesen haben!

Kartoffelernte auf einem Acker im Freilichtmuseum Lindlar im Bergischen (Nähe Köln). Bei genauer Betrachtung sieht man die Kartoffeln „fliegen".

Die beiden Traktoren, der Anhänger und die Schleuder werden mit Emailfarben ihrem Einsatz entsprechend verschmutzt. Es werden neben schwarzer Farbe insbesondere „erdbraune" Töne verwendet, die sich auf Reifen, Felgen, Ladefläche und vor allem an der Kartoffelschleuder deutlich hervorheben. **I** Das Granieren mit dem Farbton „Silver Grey" von Vallejo darf nur ganz behutsam durchgeführt werden, damit man nichts an den Modellen beschädigt.

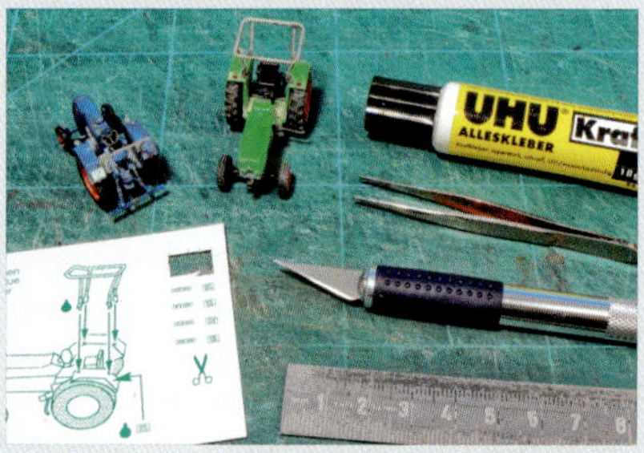

Erst nach der farblichen Behandlung der Traktoren werden die Rohraufbauten mit kleinen Mengen Plastikkleber fixiert. **I** Grüne Kennzeichen liegen in unterschiedlicher Form dem Bausatz bei. Sie müssen randscharf ausgeschnitten werden und können dann mit einem Alleskleber fixiert werden.

■ Optimieren des Preiser-Sets

Die Kleinteile wie Säcke, Körbe und Kartoffeln sollten an den Trennkanten, an denen sie aus dem Rahmen geschnitten wurden, nachlackiert werden. **I** Die Kartoffeln in offenen Säcken und den Körben werden mit einer stark verdünnten braunen Farbe überzogen, damit man die Knollen besser erkennen kann, da sich die Farbe vornehmlich in den Vertiefungen absetzt.

Gerade an den fein modellierten Säcken wirkt das Granieren wahre Wunder. Man erkennt jetzt sogar die sich abzeichnenden Knollen. **I** Ein Großteil der verschlossenen Säcke wird auf dem Anhänger platziert. Ein Alleskleber fixiert diese und auch die Figuren.

Der gesamte Inhalt des Preiser-Sets kommt natürlich „fabrikneu" aus der Verpackung, was für den bevorstehenden Einsatz vor allem der Gerätschaften nicht ganz glaubwürdig wirkt.

■ Optimieren des Preiser-Sets

Also habe ich Schlepper, Hänger und „Schleuder" mit stark verdünnten Emailfarben von Revell entsprechend behandelt. Hier sind im Speziellen die Reifen, Felgen oder die Zinken der Gabeln an der Schleuder zu nennen. Aber auch die Ladefläche und die Bordwände des Anhängers wirken verschmutzt deutlich realistischer.

Ein paar Lichtspitzen mit einem hellgrauen Acrylfarbton von Vallejo machen sich sehr gut. Allerdings muss man hier Vorsicht walten lassen. Man will ja schließlich nichts an den Modellen beschädigen!

Nachdem die wenigen Anbauteile jetzt mit einem Plastikkleber montiert worden sind, sollte man noch die Kennzeichen, die auf der Montageanleitung zu finden sind, randscharf ausschneiden und mit einer winzigen Menge Alleskleber an den vorgesehenen Stellen montieren.

Weiter geht es mit dem Zubehör, also den Säcken und Körben. Diese werden mit einem Seitenschneider aus dem Rahmen getrennt, ggf. mit einem Messer versäubert und dann mit einem annähernd passenden Farbton von Revell oder Humbrol nachlackiert. Auch die Kartoffeln erhalten einen Farbklecks mit einer Emailfarbe.

An den Figuren selbst gibt es nicht wirklich etwas zu verbessern. Hier mag es höchstens sinnvoll sein, den Kartoffeln in Körben und Säcken ein wenig mehr „Tiefe" zu verleihen. Dies geschieht mit verdünnter brauner Emailfarbe, die sich vornehmlich in den Vertiefungen absetzt und so die einzelnen Knollen besser zur Geltung bringt.

Das Granieren der feinst geformten Kartoffelsäcke mit der bereits beschriebenen hellgrauen Vallejo-Farbe wirkt wahre Wunder. Erst jetzt kommen die Details wirklich zum Vorschein und man erkennt selbst die einzelnen Knollen, die sich durch die Säcke abzeichnen.

Und schließlich wird der Anhänger teilweise mit Säcken beladen. Die passenden Figuren für diese Szene liegen natürlich dem Set bei. Ich habe zum Fixieren einen Alleskleber benutzt, der gezielt und in kleinen Mengen mit einem Zahnstocher an den Sackböden und den Fußsohlen der Figuren aufgetragen wird. Bei einem dünnflüssigen Plastikkleber besteht die Gefahr, dass speziell bei den Säcken kein Kontakt zum Untergrund hergestellt wird, bzw. dass der Klebstoff unschöne glänzende Flecken hinterlässt.

Fertig sind alle Teile für den Einbau in einen kleinen Kartoffelacker, mit seinen parallel nebeneinander verlaufenden kleinen Hügelreihen. Das zu dem Motiv passende vertrocknete Kartoffellaub und die Kartoffeln selbst, die durch die Erntemaschine forciert, in größerer Menge auf der Ackerfläche liegen, müssen noch „erfunden“ werden. Nun ja, da sind noch einige Dinge zu überlegen!

Anlegen eines Kartoffelackers

Der Kartoffelacker entsteht aus einem Produkt mit dem Namen Acker (Art. Nr. 7182) aus dem Hause Busch. Hier hat man eine Wellpappe mit dem entsprechenden Streugut versehen. Auf jeden Fall hat man nun die Basis für die parallelen Hügelreihen. Die Pappe wird mit einer Schere zugeschnitten. Übrigens muss die Ackerfläche nicht unbedingt an allen Enden eckig auslaufen. Eine Abrundung bedingt durch das Relief des Geländes lockert das Motiv durchaus auf.

Die Pappe wird von der Unterseite satt mit Holzleim bestrichen, ausgerichtet und dann vorsichtig angedrückt. Das Beschweren des Ackers mit Ballast ist mit Vorsicht durchzuführen! Er darf nicht zu schwer sein, da die Gefahr besteht, dass sich die Hügelreihen verformen. Deshalb habe ich Stecknadeln verwendet, die vor allem im Randbereich in die Furchen gesteckt werden.

Ehe es aber an die Gestaltung des Kartoffelackers geht, sollte das ihn umgebende Gelände fertiggestellt werden. Hierbei ist darauf zu achten, dass die Randbereiche des Ackers in der Höhe angeglichen werden. Dies erreicht man ganz schnell mit dem Aufstreuen dunkelbraunen Sands (Heki), der, nachdem er mit dem bekannten Holzleimgemisch durchnässt wurde, schließlich noch mit gesiebter Gartenerde und feinen Flocken bestreut wird.

Mögliche Nahtstellen durch Anstückeln von Teilen des Ackers sollten vor dem weiteren Vorgehen mit dem gerade erwähnten Sand kaschiert werden. Jetzt brauchen wir noch Kartoffeln und Kartoffellaub.

Für die Kartoffeln habe ich mir überlegt, gewaschenen Kies mit Sieben in unterschiedlicher Maschenweite zu sortieren. Siebe gibt es sicher in der eigenen Küche. Aber Vorsicht! Das könnte zu kleineren Unstimmigkeiten vor allem mit der Herrscherin über diesen heiligen Ort führen. Alternativ gibt es Siebe auch in „Kramläden“ zu kaufen.

Nun muss der Kies eingefärbt werden. Zu bedenken ist hier, dass die Kartoffeln, die wir im Supermarkt erstehen, gereinigt sind. Die Kartoffel, die frisch aus der Erde kommt, sieht durchaus anders aus, mit Erde behaftet und sei es nur mit feinem Staub, wenn es sehr trocken ist!

Den Sand wälzt man mit einem Pinsel in einer kleinen Menge Emailfarbe, die auf einer ausrangierten Kunststoffplatte aufgetragen wurde. Man erkennt schnell, dass dieser eine Farbton dann doch ein wenig monoton wirkt. Also habe ich mir umgehend einen zweiten Farbton ausgesucht und den Sand erneut in der Farbe gewälzt. Das Ergebnis ist dann zufriedenstellend. Mit dem Pinsel habe ich die Sandkörner möglichst wieder vereinzelt und zum Trocknen über die ganze Platte verteilt.

Für das Kartoffellaub habe ich mir naturbelassenes Seemoos von Noch ausgesucht. Es wird in kleinere Zweige geteilt, zusammengefasst und dann mit einer Schere in nur wenige Millimeter lange Stücke geschnitten. Mit den Fingern wird dann der Zerkleinerungsprozess fortgesetzt. Dickere Stängel

Erst die Nahaufnahme offenbart, dass die Kartoffeln nicht wirklich rund sind. Dafür sind sie aber unterschiedlich groß, was m.E. der wichtigste Eindruck bei der Betrachtung aus einer gewissen Entfernung ist.

Die Fläche für den Kartoffelacker ist festgelegt. Bahndamm, Trafoturm und Wege begrenzen ihn. Jetzt schneidet man den Acker von Busch (Art. Nr. 7182) auf diese Maße zu. Der gewellte Karton wird von unten satt mit Holzleim bestrichen, ausgerichtet, angedrückt und dann in den Furchen mit Stecknadeln fixiert. Alternatives Ballastgewicht darf nicht zu schwer sein! I Das Gelände um den Kartoffelacker herum wird nun komplett fertig gestaltet. Das Streugut in Form von Sand und Erde wird bis an die kleinen Hügel aufgefüllt. I Die Kartoffeln sollen aus Kies in zwei verschiedenen Körnungen entstehen. Hierzu wird Kies ausgesiebt.

Das (vertrocknete) Kartoffellaub schneidet man aus naturbelassenem Seemoos (Noch) zu. Die einzelnen Zweige sollten nur wenige Millimeter lang sein. I Einige wenige Reihen des Kartoffelackers streicht man satt mit dem bekannten Holzleimgemisch ein. I Hierauf streut man umgehend feines Streugut deckend auf (hier Terra grau von Model Scene).

Anlegen eines Kartoffelackers

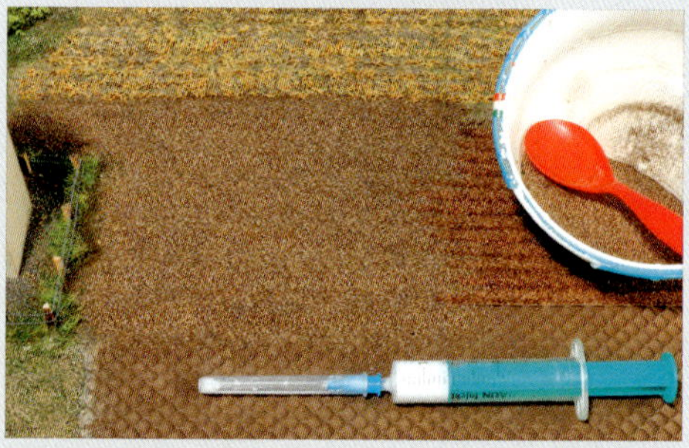

Nachdem die feine Erde nochmals mit dem Holzleimgemisch durchtränkt wurde, setzt man mit einer Pinzette das vertrocknete Kartoffellaub auf die Hügel auf. I Der Sand wird mit Emailfarben in zwei Farbtönen (hier Humbrol Nr. 83 und Revell Nr. 88) auf einer ausrangierten Kunststoffplatte eingefärbt. I Der Teil des Ackers, der bereits abgeerntet ist, wird bis Oberkante Hügel mit dunkelbraunem Sand (Heki) aufgefüllt und mit dem Holzleim-Gemisch komplett durchtränkt.

Es folgen das Streugut von Model Scene und vereinzelte Seemooszweige. Zu trockene Stellen werden nochmals mit Klebstoff beträufelt. I Der Lanz mit Erntemaschine wird exakt an die vorbereitete angefangene Reihe gesetzt. Dann folgen die Kartoffeln. Diese werden auch noch mal mit Klebstoff benetzt. Reifenspuren im vorderen Bereich des Ackers sollten nicht fehlen. I Der schmale Bereich zwischen Acker und Weg wird mit Decovlies von Heki gestaltet. Sand, Erde, feine Flocken und dünne Streifen Vlies lassen den Feldweg entstehen. Auch hier können Reifenspuren in den noch feuchten Untergrund eingearbeitet werden.

Ein wirklich gelungenes Motiv und ein echter „Hingucker“ ist die Kartoffelernte auf dem Diorama. Ohne das Set der Fa. Preiser wäre die Umsetzung allerdings schwer möglich. Der Kartoffelacker selbst ist ohne große Mühe entstanden. Und nahezu ökologisch (!) mit Naturprodukten wie Sand, Erde und einem getrockneten Gewächs....

sollte man schließlich noch mit der Pinzette aussortieren.

Jetzt kann man mit der Gestaltung des Kartoffelackers beginnen. Ich habe mir vorgestellt, dass ein Teil des Feldes bereits abgeerntet ist und im hinteren Bereich die Hügelreihen mit dem vertrockneten Laub dargestellt werden sollen. Hierbei ist die „angefangene“ Reihe, also dort, wo der Traktor mit der Erntemaschine entlangfährt, zu berücksichtigen.

Zunächst streicht man nur einige Reihen mit dem Holzleim-Gemisch satt ein, gerade so viel, wie man zeitnah bearbeiten kann, ohne dass der Leim trocknet. Als Erde habe ich mir Terra grau von Model Scene ausgesucht. Meine selbst gesiebte Gartenerde trocknet für diesen Zweck hier zu dunkel auf. Das feine Streugut wird deckend aufgestreut. Der ursprüngliche Untergrund sollte nicht mehr sichtbar sein.

Nachdem die Fläche an zu trockenen Stellen nochmals mit Leim benetzt worden ist, setzt man das gebrochene Seemoos auf die Hügel auf. Hierzu habe ich eine Pinzette verwendet, damit möglichst viele der kleinen Äste wirklich auf der Krone des Hügels haften bleiben.

Sind die gewünschten Kartoffelreihen (inklusive der „angefangenen“ Reihe) entstanden, bestreut man die restliche Fläche bis an die Krone der Hügel mit feinem Sand (Heki) und befeuchtet ihn satt mit dem Holzleimgemisch. Hierauf folgen wieder das Streugut von Model Scene und vereinzelt kleine Zweige des Kartoffellaubs. Nicht zu vergessen sind Fahrspuren des Traktors, die sich in der aufgelockerten Erde in natura schnell ergeben würden.

In den noch feuchten Untergrund habe ich dann umgehend den Lanz mit der angehängten Erntemaschine genau an der Stelle gesetzt, die als „angefangene“ Reihe gestaltet ist. Dann folgen die Kartoffeln, die sich üppig auf der bereits abgeernteten Fläche verteilen. Schließlich ist die Maschine schneller als die vielen helfenden Hände...

Die Kartoffeln werden vereinzelt noch mit etwas Leim benetzt, damit sie auch gut haften bleiben.

Vorne am Acker schließt sich ein kleiner Grünstreifen gefolgt von einem Feldweg an. Dieser Bereich wird nun gestaltet, ehe der Hänger dort in das Grün gedrückt und ausgerichtet wird. Schließlich folgen die Figuren und das Zubehör wie Körbe und Säcke.

So ist auf recht einfache Weise und natürlich dank der Figuren und des passenden Zubehörs ein schönes Motiv entstanden, das man nicht so oft auf einer Modellbahn findet. Und viel Platz ist für die Modellnachbildung auch nicht vonnöten.

Apfelbäume

Berlepsch oder Cox Orange?

Die Bäume auf einem fertig gestalteten Diorama. Sie sind ein echter „Hingucker". Die Ernte ist vielversprechend in diesem Jahr. Eins der Zugpferde des Holzwagens hat die leckeren Früchte ins Visier genommen. Kleiner „Snack" während der Arbeit, denkt es sich… Zum Glück hält der Bauer das Gespann aber auf dem Weg.

Da hatte ich auf meinem ländlichen Diorama einen kleinen, bislang noch ungestalteten und nicht bepflanzten Hang zwischen einem Bauernhof und einem kleinen Weg. Irgendetwas musste dort hin! Für eine Weide war die Fläche doch zu klein. Einen Laubbaum dort hinzupflanzen, gefiel mir auch nicht so recht! Nach ein paar Tagen des Grübelns kam dann die Erleuchtung. Wie wäre es mit zwei nicht zu großen Apfelbäumen?

Prima Idee, dachte ich vor mich hin. Bäume selber drahten und belauben, kein Problem! Nur die Äpfel! Was nimmt man denn da? Zum Glück geht meine Holde gerne und regelmäßig einkaufen. Und für den nächsten Besuch eines Supermarktes lautete der Auftrag an meine bessere Hälfte: Brauche was Rundes, darf auch nicht viel größer als 1 mm sein. Sie entschwand und kam gefühlt erst viele Stunden später, aber erfolgreich, zurück! Dazu aber später mehr.

Zum Drahten von Laubbäumen benutze ich seit vielen Jahren Silberdraht in den Stärken von 0,5 und 0,6 mm. Der Draht wird verdrillt und verlötet. Das Lot ist einfaches Bastler-oder Standardlot aus dem Baumarkt.
Die Wuchsform alter Apfelbäume habe ich mir im Internet angeschaut, denn all das, was mich so im eigenen und den Nachbargärten an Apfelbäumen umgibt, ist meist auf Kleinwuchs getrimmtes Spielzeug, nur kein Apfelbaum alter Form.

Wenn mich meine Bildrecherche nicht getäuscht hat, verzweigen sich die Äste in etwa gleicher Höhe am Stamm, um sich dann immer weiter zu teilen. Also habe ich den Stamm und den Wurzelfuß verdrillt und verlötet. Dann teilt man die Drähte in drei etwas gleichgroße Bündel, verdrillt, teilt, lässt einige Drähte auslaufen, bis man eine halbwegs runde Baumkrone erreicht hat. Abschließend werden die Äste verlötet. Eine Dritte Hand sorgt für eine stabile Lage des Baumrohlings.

Unschwer bemerkt man durch Tasten die ganzen Rückstände des Lötvorgangs auf der Oberfläche des Modells. Obwohl ich nicht sicher weiß, ob man diese auf jeden Fall vor dem Lackieren entfernen muss, sollten sie entfernt werden. Ich habe mir für diesen Zweck eine Flasche Spülmittel aus der Küche stibitzt, dazu eine größere Dose und eine Bürste. Das Spülmittel habe ich pur über den gesamten Baum gebürstet! Dann noch mit warmem Wasser abspülen und trocknen lassen! Fertig! Das Ganze sieht jetzt sauber aus.

Zum Lackieren meiner beiden Apfelbäume habe ich leicht verdünnte braune Abtönfarbe benutzt. Gealtert wird mit einer schwarzbraunen Farbbrühe. Zum Trocknen stehen die Bäume senkrecht in einer Wäscheklammer. Nun kann man noch kleine Mengen grüner Farbe auf dem Stamm bzw. den später sichtbaren dickeren Ästen verteilen. Zum Granieren dieser sichtbaren Teile wird hellgraue Farbe von Vallejo benutzt.

Begrünt werden die Apfelbäume wieder mit kleinen Seemoos-Ästen, wie bereits in dem Artikel Baumgruppen mit Heki beschrieben.

Ja, und nun zu den Äpfeln. Meine Frau brachte mir Senfkörner von ihrem Einkauf mit! Sie sind nahezu rund, die Größe ist leicht grenzwertig, nimmt man es ganz genau. Deshalb habe ich die Körner noch sortiert. Die allzu dicken dürfen nicht mitmachen!

Zum Einfärben habe ich mir Folgendes überlegt. Auf einem Blechdeckel wird reichlich von der ausgesuchten seidenmatten (!) Farbe verteilt, die Senfkörner darin verteilt und mit einem Pinsel vollkommen mit Farbe bedeckt.

Also! Egal ob Berlepsch (oder auch Goldrenette, ab ca. 1880) oder Cox Orange (oder auch Orangenrenette, ab ca. 1825), im Modell müssen die Früchte einfach gut zu erkennen sein!

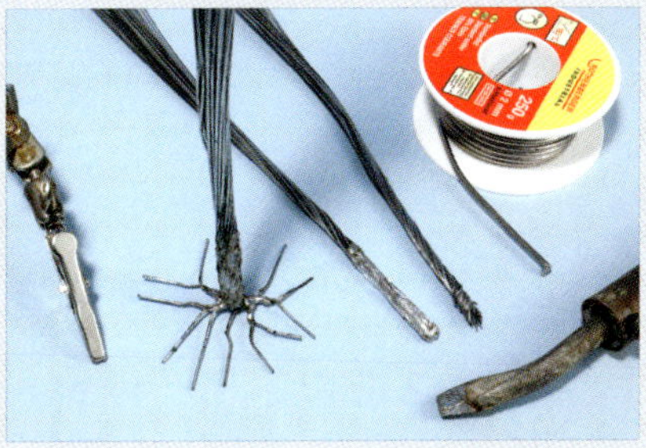

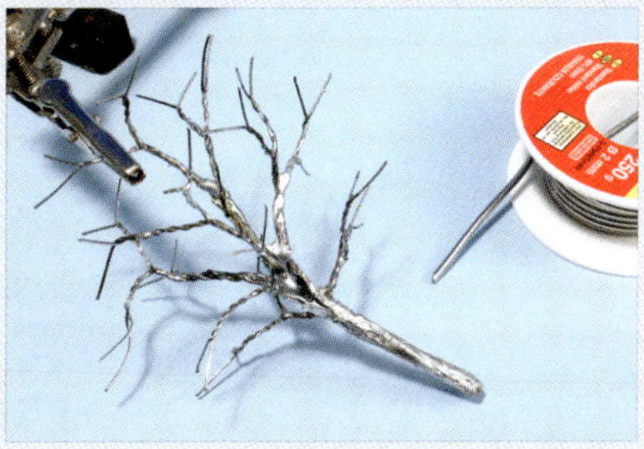

Die Apfelbäume werden altbewährt aus Silberdraht in Stärken von 5 und 6 mm hergestellt. Wahlweise kann man sie mit und ohne Standfuß anfertigen. Der untere Stamm wird zunächst verlötet. Mit und mit werden einige Drähte aus dem Stamm gebogen und verdrillt. I Der fertig gedrahtete Baum wird nun in eine „Dritte Hand" gespannt und bis in die Astenden verlötet. Zum Verlöten wird ein etwas stärkerer Lötkolben verwendet.

Bevor die Grundfärbung mit leicht verdünnter brauner Abtönfarbe erfolgt, sollte das anhaftende Flussmittel unbedingt entfernt werden. Im nächsten Schritt wird der Baum mit einer stark mit Wasser verdünnten Farbbrühe bestrichen. I Grüne und hellgraue Vallejo-Farbe erweitert die Farbgebung des Stamms und der später sichtbaren dickeren Äste.

Zur Begrünung der Apfelbäume dienen kleine Seemoosbüschel von Heki. Sie werden mit Holzleim auf die Äste geklebt. I Senfkörner werden zu Modell-Äpfeln. Sie sind zwar ein wenig zu groß, wirken aber als Gesamtbild recht gut. Größere Senfkörner werden aussortiert.

Auf einem Blechdeckel wird rote, seidenmatte Farbe verteilt, in der die Senfkörner mit einem Pinsel vollkommen mit Farbe bedeckt werden. I Die Äpfel taucht man jetzt einzeln (!) mit einer Pinzette in ein wenig Holzleim und platziert sie dann einzeln (!) auf den Seemoos-Ästen. Der Baum liegt idealerweise hierbei, damit die Äpfel auch in Position bleiben.

Fahr-Mähdrescher MDL

Getreideernte im Kornfeld

Leo weiß das! Meine Suchmaschine heißt Leo, vor allem, wenn es um landwirtschaftliche Problemstellungen geht. Und meine Suche läuft regelmäßig nach folgendem Schema ab: Hallo Leo, ich bin`s, Thomas. Habe Dir gerade ein paar Bilder per Mail geschickt und ich habe da noch ein paar Fragen! Also eigentlich viele!

Am anderen Ende der Telefonleitung hör ich meinen Freund Leo schon lachen, denn jetzt geht`s ans Eingemachte! Aber aus der Ruhe kann ich ihn nicht bringen und mit stoischer Gelassenheit beantwortet er nun meine zahlreichen, laienhaften Fragen im Detail und meist, ohne zu antworten: „Das weiß ich nicht".

Da hielt ich gerade das neue Modell des Fahr-Mähdreschers MDL von Mo-Miniatur in Händen und wusste natürlich nicht, wie das Gerät wohl funk-

Da der MDL keinen Korntank besaß, wurde das gedroschene Getreide direkt in Säcke abgefüllt. Hierzu stand ein Helfer auf einer Plattform, die hier beim Modell allerdings hochgeklappt ist und sich auch nicht in die waagerechte Position bringen lässt. Das Stroh konnte beim MDL sowohl ausgeworfen als auch direkt zu Ballen gepresst werden. Die Pressvorrichtung mit der kleinen Rutsche ist hier im Modell gut zu erkennen.

Das Modell des MDL ist äußerst filigran ausgeführt. Man muss beim Anfassen des Mähdreschers schon sehr aufpassen, dass man nichts verbiegt oder abbricht. Hinten sind auf beiden Seiten Kornsiebe zu sehen, die für die unterschiedlichen Getreidesorten eingesetzt wurden.

tioniert haben mag. So einiges leuchtete mir nicht wirklich ein und dabei wollte ich das Modell doch gerne entsprechend in eine Modellszene bei der Getreideernte einbauen.

Also musste auch diesmal mein Freund Leo seinen Kopf hinhalten und sämtliche Fragen zum MDL beantworten. Mir geht es dabei gar nicht um technische Daten wie Motor, PS etc., sondern um die Funktionsweise eines solchen Mähdreschers, also das, was wir Modellbahner für eine Umsetzung einer Ernteszene wissen müssen.

Der MDL (Baujahre 1958 – 1964, Recherche aus dem Internet) besitzt keinen Korntank, was ich schon aufgrund des fehlenden Kornauslaufrohrs vermutet hatte. Dafür befindet sich seitlich auf der Fahrerseite eine klappbare Plattform, die während des Dreschens waagerecht steht. Auf ihr steht nun ein Erntehelfer, der die leeren Kornsäcke während der Fahrt an die Auslaufstutzen hält und die Säcke füllt. Ist eine bestimmte Menge Säcke gesammelt, muss erst einmal abgeladen werden, ehe weiter gedroschen werden kann.

Am Heck des MDL befindet sich bei genauerer Betrachtung eine Pressvorrichtung für das gedroschene Stroh. Also kann dieser Mähdrescher Ballen direkt hinten auswerfen, die dann über eine Rutsche zu Boden gleiten und später aufgesammelt werden müssen. Allerdings kann das Stroh alternativ auch in Schwaden abgelegt werden, erklärte mir Leo.

Ja, dann wären da noch die seitlich am Heck des Mähdreschers montierten quadratischen mit Löchern versehenen Platten. Hierbei handelt es sich um Kornsiebe für die unterschiedlichen Getreidesorten, die bei Bedarf ausgewechselt werden mussten.

Gut, jetzt ist soweit alles geklärt und ich kann mir Gedanken über das zu gestaltende Kornfeld machen. Also eins ist hier und für die Zeit, in der der MDL gebaut wurde, schon einmal klar! Fahrspuren im Kornfeld, wie sie heutzutage in jedem Getreidefeld zu sehen sind, sind nicht vorhanden, da

Nein, wir sehen hier keine unterschiedlichen Maßstäbe, nur schlichtweg einige Jahrzehnte technischen Fortschritt. Der MDL im Vergleich zu einem Claas-Lexion (Kibri).

Das Modell des Fahr MDL soll auf einem kleinen Kornfeld in Szene gesetzt werden. Das Kornfeld von Busch wird auf das gewünschte Maß zugeschnitten und mit Holzleim auf den Untergrund geklebt. Frei bleiben die bereits gemähten Bahnen, die sich in der Breite am Mähwerk des Fahr-Modells orientieren. **I** Die jetzt noch freie Fläche wird mit feinem Sand und dann mit gesiebter Erde eingestreut und mit dem Holzleim-Gemisch fixiert.

Kornfeld und Umgebung werden mit Karton und Zeitungen abgedeckt, ehe man mit dem Grasmaster von Noch kurze gelbe Fasern aufbringt. **I** Entsprechend dem Radstand des Fahr-Modells drückt man mit einem Werkzeug Reifenspuren in den noch feuchten Untergrund. Die bis jetzt einheitlich wirkende Fläche wird hierdurch sofort lebendiger.

Im Modell sollen Strohschwaden dargestellt werden. Hierzu deckt man die gesamte Fläche des Felds großzügig ab und lässt nur zwischen den Fahrspuren einen freien Streifen, der dann mit einem Sprühkleber benetzt wird. **I** Das Stroh in Form von zugeschnittenen längeren Fasern wird mit einer Pinzette auf die mit Klebstoff benetzten Streifen gelegt....

... und dann mit den Fingern leicht angedrückt. **I** Überschüssige Fasern werden anschließend mit einem Staubsauger, eingestellt auf eine geringe Saugleistung, entfernt.

man damals das Korn noch nicht gespritzt hat. Eigentlich schade, denn diese Spuren wirken im Modell schon recht gut, vor allem, wenn die Fläche größer ist und man ansonsten „nur“ auf die einheitliche Kornfläche schaut.

Außerdem ist bei dem wunderschönen Modell des MDL leider die Plattform nicht in die waagerechte Position zu bringen, da sie fest montiert ist. Deshalb ist der Arbeitseinsatz des Mähdreschers nicht darzustellen, was auch die Gestaltung einer bereits teilweise gemähten Bahn im Modellkornfeld unsinnig macht.

Kurzentschlossen habe ich mich dafür entschieden, meine Modellszene am Kornfeld in die Mittagspause zu verlegen. Der Mähdrescher ist abgestellt, Kornsäcke sind auf einen bereitstehenden Anhänger verladen, ggf. steht auch ein Traktor bereit und Bauer samt Erntehelfern diskutieren die für heute noch zu erledigenden Arbeiten.

Das Kornfeld entsteht aus der gleichnamigen Matte aus dem Hause Busch. Bei genauerer Betrachtung entdeckt man einen kleinen Fehler. Das Korn, sprich die Getreidehalme, entsprechen den heutigen Wuchshöhen. Früher waren die Halme deutlich länger, also auch zu Zeiten des Fahr-MDL! In Ermangelung einer Alternative, habe ich diesen Fehler aber in Kauf genommen.

Die Matte wird mit einem scharfen Messer entlang eines Stahllineals zugeschnitten. Beim Zuschnitt ist darauf zu achten, dass der bereits gemähte Bereich in etwa einem Vielfachen der Breite des Mähwerks entspricht. Das so vorbereitete Kornfeld wird in ein Bett aus unverdünntem Holzleim geklebt. Nicht zu vergessen ist, die Folie unter der Matte abzuziehen. Die restliche freie Fläche zwischen Korn und der angrenzenden Umgebung wird nun mit feinem Sand und ausgesiebter Gartenerde nacheinander bestreut und gut mit dem bekannten Holzleimgemisch durchtränkt. Nun habe ich die bereits fertigen Flächen mit Karton und Zeitungen großflächig abgedeckt. Mit dem Grasmaster von Noch bringt man dann die Stoppeln in Form von kurzen gelben Fasern auf. Nach Möglichkeit sorgt man nur für einen nicht deckenden Auftrag von Fasern.

Die Fläche wirkt jetzt natürlich sehr uniform, was schnell durch das Eindrücken von Fahrspuren in den noch feuchten Untergrund beseitigt wird. Der Abstand der parallelen Spuren zueinander ergibt sich zwangsläufig durch den Abstand der Räder des Mähdreschers und die Breite des Mähwerks. Natürlich braucht man nicht auf den Millimeter achten, aber der Gesamteindruck sollte schon stimmig sein.

Nachdem die Fläche komplett durchgetrocknet ist, was durchaus über Nacht dauern kann, können nun die Strohschwaden dargestellt werden. Ich habe mich für Schwaden entschieden, da sie schneller nachzubilden sind als passende Ballen. Wer sich für diese Variante entscheidet, kann auf Bausätze von Busch oder Faller zugreifen. Dort gibt es vorgefertigte Ballen, die aber noch mit Fasern und einer entsprechenden Bindung zu versehen sind.

Für die Darstellung der Schwaden wird die gesamte Fläche des Feldes (inklusive der Umgebung) wieder sorgfältig abgedeckt. Frei bleibt nur ein schmaler Streifen exakt zwischen einer (!) Fahrspur. Dieser Streifen des Stoppelfelds wird mit Sprühkleber benetzt. Karton und Zeitungen werden entfernt. Mit einer Pinzette setzt man umgehend längere Fasern exakt auf, drückt sie mit den Fingern leicht an, ohne allerdings das Volumen zu zerstören und saugt überschüssige Fasern mit dem Staubsauger ab. So verfährt man bei jeder bereits gemähten Bahn.

Fertig ist das Kornfeld. Jetzt fehlen nur noch die Figuren aus dem reichhaltigen Preiser-Sortiment, der abgestellte Mähdrescher, ein Anhänger oder Karren, beladen mit Säcken und vielleicht ein Traktor. Mittagspause bei der Getreideernte! Die Illusion ist gelungen.

Mittagspause auf dem Kornfeld. Die ersten Bahnen sind auf diesem Feld bereits gemäht. Jetzt ist Zeit, kurz zu verschnaufen. Bauer und Helfer diskutieren den weiteren Tagesablauf und die Aufgaben werden verteilt.

Die Gebäude von Noch zum Thema Bauernhof. Der Bauernhof nach Allgäuer Vorbild (Art. Nr. 66714), das landwirtschaftliche Nebengebäude (Art. Nr. 66715) und die Remise (Art. Nr. 66716).

Nochs Bauernhof, Nebengebäude und Remise

Allgäuer Eindach-Hof mit Nebengebäuden

Ende Januar steigt bei mir immer die Spannung, welche Neuheiten unsere Modellhersteller für das laufende Jahr präsentieren werden. Dabei interessiere ich mich hauptsächlich für Zubehör wie Gebäude, Ausschmückungsteile und Materialien zur Landschaftsgestaltung.

Also „lande" ich regelmäßig auch auf der Internet-Seite der Fa. Noch, wo ich voller Begeisterung neue Gebäude zum Thema Bauernhof entdeckte. Einziger Wermutstropfen (für mich): Auslieferung im Herbst.
Gut, der Herbst ist verblüffenderweise wie jedes Jahr gekommen und ich habe die drei Gebäude nun vor mir liegen. Dabei handelt es sich um einen Bauernhof nach Allgäuer Vorbild (Art. Nr. 66714), ein landwirtschaftliches Nebengebäude (Art. Nr. 66715) und eine Remise (Art. Nr. 66716).
Das Hauptgebäude repräsentiert einen klassischen Eindach-Hof, sprich, alles unter einem Dach: Wohnen, Stallung, Scheune (Tenne). Die beiden kleine-

ren Gebäude widersprechen diesem Prinzip zunächst natürlich. Aber wenn man sich die Entwicklung von Bauernhöfen über die Jahrzehnte anschaut und sehr alt sind sie oft auch, dann wird klar, dass im Laufe der Zeit einfach mehr Platz benötigt wurde. Und dieser wurde durch die Errichtung weiterer Gebäude ermöglicht.
Aus diesem Grund kann man das Gebäudeensemble auch ohne Bedenken kombinieren.
Alle drei Gebäude bestehen aus lasergeschnittenem Karton, der zudem bei allen später sichtbaren Flächen auch eingefärbt ist. Für bewegliche Teile (Tore) liegen Kunststoffscharniere und Metallstifte bei. Jeder Bausatz beinhaltet eine Tube Klebstoff (Holzleim).

Erster Schritt: Die Remise

Zum „Warmwerden" habe ich mit der Remise begonnen und möchte mich dann dem vermuteten Schwierigkeitsgrad entsprechend langsam steigern. Für alle Bausätze sollte ein scharfes Messer zum Heraustrennen der Bauteile aus dem Rahmen und ein feines Schleifpapier bzw. eine Feile zum Planschleifen der Grate bereitliegen.
Zunächst sollte man die Bauanleitung einmal „querlesen", also anschauen, welche Teile wofür benötigt werden und ob man ggf. Teile neu lackieren möchte und sollte.
Bei der Remise fallen da die Bodenplatte und die Sockelverkleidung ins Auge. Die Bodenplatte habe ich mit einer Emailfarbe grau gestrichen, nachdem der Unterbau für den Sockel aufgeklebt worden ist. Die Fugen des Natursteinmauerwerks werden mit einer Farbbrühe aus stark verdünnten Emailfarben hervorgehoben.
Holzimitate wie das Ständerwerk und die Wandverkleidung können ebenfalls mit einer verdünnten Farbe überstrichen werden. Ziel ist es hier, Farbnuancen zu erzeugen. Holz ist i.d.R. nämlich nicht einfarbig.
Die Halterungen für die beiden Torflügel habe ich mit einem kleinen Tropfen Sekundenkleber fixiert. Der Holzleim verbindet die beiden unterschiedlichen Werkstoffe nämlich nicht. Im Gegensatz hierzu habe ich aber die auf den Torblättern zu befestigenden Teile mit einem Alleskleber montiert, weil hier die Klebefläche deutlich größer ist. Nachdem das Ständerwerk zusammengefügt ist, können

Auf markierte Positionen der Grundplatte werden aus verschiedenen Teilen die massiven Mauersockel aufgeklebt. Grate zieht man auf Schleifpapier vorsichtig ab.

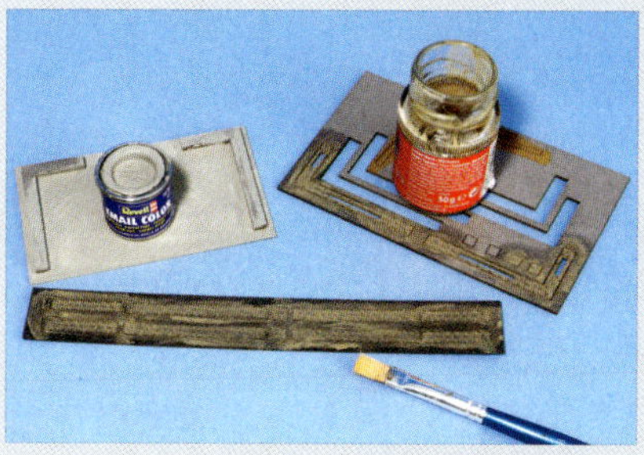
Die Fugen der Steinverkleidung werden mit verdünnter Emailfarbe farblich hervorgehoben. Die Grundplatte erhält einen Anstrich mit einer grauen Emailfarbe.

Die Sockelverkleidungen und Abdeckungen werden mit kleinen Mengen Klebstoff fixiert. Da bereits alles fertig koloriert ist, sollte kein Klebstoff sichtbar hervortreten.

Sämtliche Teile des Ständerwerks und der Wandverkleidung werden bereits in den Rahmen mit einer verdünnten braunen Emailfarbe gestrichen.

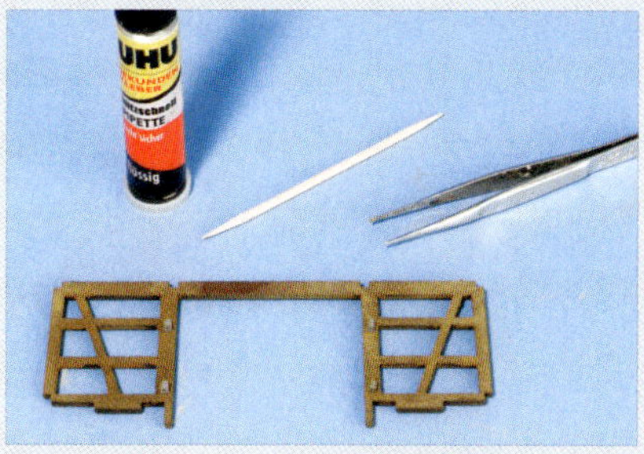
Die Kunststoffteile der Toraufhängung werden mit Sekundenkleber fixiert. Ein Zahnstocher hilft bei der Platzierung des Klebstoffs.

Das Ständerwerk der Remise kann nun auf die fertigen Mauersockel geklebt werden.

Die Remise

Zur Montage der Wandverkleidungen sollten Leimzwingen, sofern möglich, benutzt werden.

Die Torbeschläge werden mit einem Alleskleber in die vorgesehenen Vertiefungen der Torblätter geklebt.

Die Deckbretter der Torflügel werden komplett mit dem Kartonrahmen exakt auf dem Torblatt verklebt. Nach dem Trocknen des Klebstoffs schneidet man den Rahmen dann ab.

Sämtliche Holzflächen der Remise sowie das Tor erhalten Verwitterungsspuren mit einer „schmutzgrauen“ Farbbrühe aus Emailfarben. Graniert wird dann mit der Vallejo-Farbe „Silver Grey“.

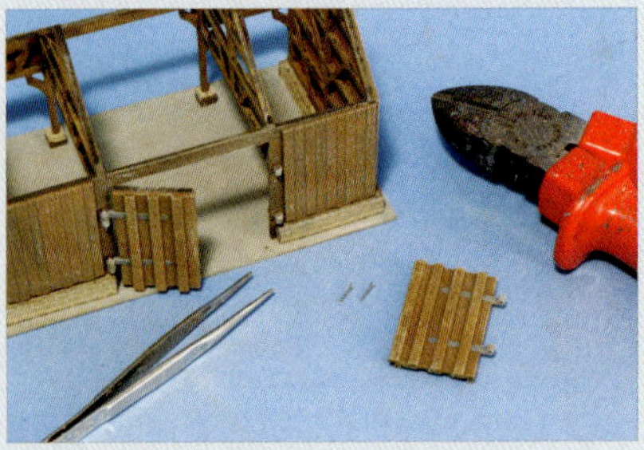

Die beiden Torflügel werden mit den gekürzten Nadeln eingehängt. Einfärben sollte man sie aber nicht, da die Beweglichkeit der Torflügel leiden könnte.

Dachflächen, First und die Bretterverkleidung seitlich am Dach werden bereits in den entsprechenden Kartonrahmen grundlackiert.

Die Remise

Auch das Dach wird mit der bereits erwähnten Farbbrühe gealtert. Ein wenig grüne Farbe kann auch nicht schaden. Schließlich setzt man noch die bewährten Lichtspitzen.

Kleinteile, wie Kisten, Fässer, Gerätschaften und Werkzeuge, beleben das Motiv zusätzlich. Geklebt wird mit einem Alleskleber.

auch schon die Holzverkleidungen montiert werden. Kleine Leimzwingen sorgen für den nötigen Anpressdruck, sofern man nicht mit den Fingern arbeiten möchte.

Bevor es gemäß der Bauanleitung weitergeht, habe ich den „Rohbau“ dezent gealtert. Dies geschieht mit einer graubraunen Farbbrühe aus Emailfarben. Ist die Farbe getrocknet, sollte man auch schon granieren. Später sind manche Stellen und Ecken nur noch schwer zugänglich mit dem Borstenpinsel, was ungewollte Schattierungen hervorruft. Zum Granieren habe ich wie immer den Farbton „Silver Grey“ von Vallejo benutzt. Da die benutzte Farbmenge äußerst gering ist, kann man hier getrost eine Acrylfarbe nehmen. Ansonsten sind für diese Kartonbausätze eher Emailfarben zu empfehlen, die den Karton nicht aufweichen, so dass er sich nicht verziehen kann.

Nachdem das Tor mit den gekürzten Metallstiften befestigt ist, habe ich mich den Teilen des Dachs gewidmet. Mir persönlich war der Farbton der Ziegel zu dunkel, was sich mit einer helleren Emailfarbe leicht beheben lässt. Gleichzeitig sollte man noch die Verkleidungen an den Giebelseiten holzbraun lackieren. Sie sind werkseitig grau.

Das Dach wird wieder mit der Farbbrühe gealtert. Ein bisschen grüne Farbe im Firstbereich schadet auch nichts, ehe hier alles graniert wird.

Ein paar Kleinteile (z.B. von Busch, Faller oder Preiser) beleben das Innere der Remise. Zum Kleben habe ich einen Alleskleber benutzt. Geräte oder Traktoren sollten nicht zu groß sein, da der Maßstab der Remise kleiner als 1:87 ist.

Die fertige Remise aus unterschiedlichen Perspektiven.
Sie sollte wegen ihrer Größe nicht für moderne Fahrzeuge und Geräte genutzt werden.

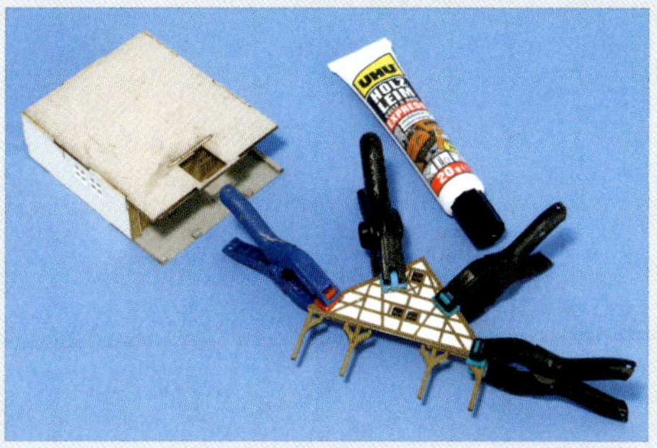

Teileübersicht des landwirtschaftlichen Nebengebäudes von Noch. Der Bausatz besteht komplett aus koloriertem Karton. Zur Fensterverglasung liegt eine dünne Folie bei. Ein Lüftungsaufsatz ist aus Kunststoff, wurde aber beim Zusammenbau nicht benutzt. I Die überwiegende Anzahl der Bauteile wird bereits in den Kartonrahmen lackiert. Bei den Holzimitaten wird die ausgewählte Emailfarbe leicht mit Verdünner gestreckt, damit Farbnuancen entstehen. I Beim Zusammenbau erweisen sich Leimzwingen als nützliches Hilfsmittel, insbesondere, wenn die Teile dünn sind und eine große Fläche bedecken.

Die Montage der Treppe benötigt etwas Geduld. Zunächst wird eine Wange gegen die Außenwand geklebt, in deren Öffnungen dann die einzelnen Tritte eingefügt und ausgerichtet werden. Die äußere Wange wird dann lediglich stumpf angesetzt.

Das Nebengebäude

Das fertige Nebengebäude.

Nächster Bausatz: Das Nebengebäude

Als nächstes folgt das Nebengebäude: Hier habe ich gleich zu Beginn alle Teile mit den Erkenntnissen des ersten Modells vorab in den Rahmen lackiert. Man sollte schon die gewählten Farbtöne beibehalten, für die man sich entschieden hatte. Obwohl die (verputzten) Wände werkseitig weiß sind, habe ich sie nochmals mit einer Emailfarbe gestrichen, auch die Innenwände des rückseitigen Raums, da bei geöffnetem Tor, der Blick in einen kleinen Stall möglich ist.

Die Montage des Gebäudes folgt der Bauanleitung. Wichtig ist immer, dass genügend Zeit zum Abbinden des Klebstoffs vorhanden ist, ehe der nächste Bauschritt erfolgt. Wo möglich werden wieder Leimzwingen benutzt.

Etwas Geduld benötigt die Treppe auf der Stirnseite des Gebäudes. Hier wird zunächst die rückwärtige Wange eingesetzt. Die einzelnen Stufen werden dann mit kleinen Mengen Holzleim in die Öffnungen der Wange geklebt. Eine Pinzette, eine ruhige Hand und genügend Augenmaß führen zum Erfolg.

Bevor die rückseitige Giebelwand montiert wird, kann man den Boden des kleinen Raums mit „Stroh" kurze gelbe Fasern) bedecken. Ich habe die Fasern mit Holzleim befestigt. Er wird dünn auf dem Boden ausgestrichen. Die Fasern werden noch ein wenig mit den Fingern flachgedrückt.

Das Altern und Granieren erfolgt auch bei diesem Gebäude in zwei Schritten. Zunächst wird der „Rohbau" behandelt, nach der Montage des Dachs auch diese Teile.

Schließlich beziehen noch Ziegen (Preiser) den Stall. Auf der Vorderseite machen sich z.B. Säcke und eine Sackkarre ganz gut.

Rückseitig könnte ein kleiner Stall für Schafe, Ziegen oder Hühner vorhanden sein. Deshalb wird hier vor der Montage der Wand Stroh (Fasern von Noch) als Einstreu auf den Boden geklebt. I Auch bei der Montage der Holzverkleidungen sind Leimzwingen hilfreich, sofern sie angesetzt werden können. Ansonsten muss der Anpressdruck mit den Fingern erfolgen. I Es folgt das Verwittern mit einer Email-Farbbrühe und das Granieren mit einer hellgrauen Acrylfarbe.

Moose und Flechten lassen sich recht gut mit einer grünen Farbe imitieren. Die Farbe wird unregelmäßig, ggf. auch leicht verdünnt, aufgetragen. I Bevor die beiden Torflügel eingeklebt werden, sollte das ausgewählte „Viehzeugs“ (hier Ziegen von Preiser) mit Alleskleber fixiert werden. I Auf der Vorderseite machen sich z.B. Säcke und Sackkarre als belebendes Element recht gut. Beides gibt es von verschiedenen Herstellern (z.B. Faller, Preiser).

Das Nebengebäude

Das fertige Nebengebäude von der „Schokoladenseite“ aus betrachtet.

Das Hauptgebäude als Finale

Weiter geht es jetzt mit dem Hauptgebäude. Auch hier empfiehlt sich, zuerst eine Übersicht mit Hilfe der Bauanleitung zu bekommen. Die Tenne ist über ein geöffnetes Tor einzusehen und sollte daher zumindest ansatzweise mit Leben gefüllt werden, in dem Fall mit reichlich Heu. Boden und Wände sind entsprechend vor dem Zusammenbau zu lackieren.

Apropos lackieren! Das Gebäude besteht aus zwei Schichten Karton (Innen- und Außenwände). Die Innenwände beinhalten auch die Fensterrahmen! Sie liegen nicht als separate Teile bei. Durch den Laserschnitt erkennt man an den Fensterrahmen leichte Schmauchspuren, die mit weißer Farbe überdeckt werden sollten.

Die Außenwände sind hellgrau ausgeführt, was mir aber gar nicht gefallen wollte. Also habe ich sie kurzentschlossen weiß gestrichen und das in zwei Schritten, damit die Farbe gut deckt und dann eine leichte Struktur wie bei einer verputzten Wand entsteht. Beim ersten Farbauftrag wird die Farbe auf dem Karton ausgestrichen. Nachdem sie getrocknet ist, tupft man mit einem weichen Borstenpinsel wiederum Farbe auf. So entsteht eine geringfügige Struktur auf der Oberfläche.

Holz, Dach, Fensterläden oder Fenster- und Türlaibungen werden ebenfalls individuell, aber mit der bereits für die anderen Gebäude getroffenen Farbauswahl grundlackiert.
Der „Rohbau" entsteht gemäß der Bauanleitung. Erwähnenswert ist erst wieder die Gestaltung der Tenne. Zunächst habe ich (wie erwähnt vorab) den Boden grau gestrichen. Die Wände sind weiß lackiert. Eine Trennwand zwischen Tenne und Wohnbereich muss zugeschnitten werden. Hierzu kann man Karton oder auch eine Kunststoffplatte nehmen.
Ich habe, um den Aufwand gering zu halten, eine Fülling der Tenne mit lose geschichtetem Heu angedacht. Hierzu habe ich mir einen Kern aus einer Dämmstoffplatte zugeschnitten. Er muss genau angepasst werden, vor allem auch in der Höhe. Dieser Kern wird zunächst gelbgrün mit Abtönfarben angestrichen, natürlich nur in dem sichtbaren Bereich. Dann bestreicht man die Fläche mit unverdünntem Holzleim und streut Fasern auf. Den hier erkennbaren Farbton gibt es so nicht zu kaufen! Es sind beige oder gelbe Fasern, die mit grüner Sprühfarbe auf den Farbton „Heu" angepasst wurden.
Die Fasern dürfen auch durchaus in kleinen Mengen auf dem restlichen Boden verteilt werden.
Mit und mit schreitet jetzt der Zusammenbau des Gebäudes voran. Viele Details sind bereits bei den anderen Gebäuden beschrieben worden. Wichtig ist, dass man sich Zeit nimmt und dafür sorgt, dass die frisch verklebten Bauteile trocknen können. Der Einsatz von Leimzwingen ist nur begrenzt möglich, Gummiringe helfen bei den Außenwänden durchaus. Die Finger sind aber das probatere Hilfsmittel.
Noch ein kleiner Tipp: Die Außenwände werden stumpf miteinander verklebt. Somit sieht man natürlich die bräunlichen Schnittkanten durch den Laser. Hat man also die Außenwände verklebt, tupft man weiße Farbe an alle vier Hausecken. Kleiner Aufwand, große Wirkung!
Das Altern, an den Fassaden allerdings nur ganz dezent, und das Granieren erfolgen wie bereits beschrieben, in zwei Durchgängen, damit man pro-

Das Motiv ist bewusst in den 1950/60er-Jahren angesiedelt, da hier der Einsatz kleinerer Traktoren und Gerätschaften gut zu dem etwas zu kleinen Maßstab der Gebäude passt. Heu- und Wasserwagen sowie der rote Porsche Junior stammen von Busch.

Sommer im Allgäu. Überall grünt und blüht es, nicht nur im Bauerngarten, sondern auch im ganzen Umfeld des Bauernhofes.

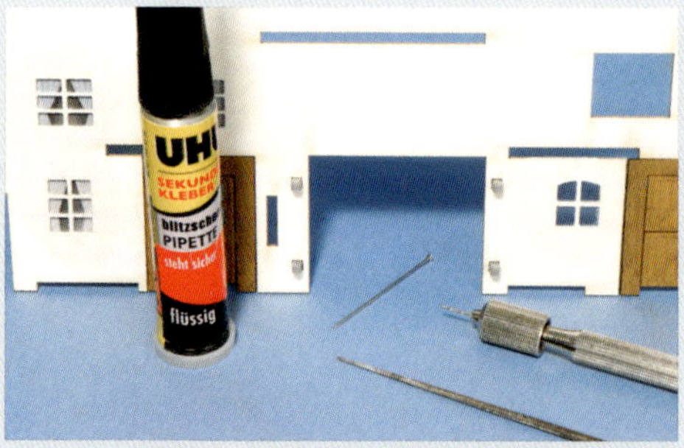

Die Fensterrahmen und -sprossen als Teil der Innenwände lohnen sich durchaus zu lackieren, um leichte Brennspuren des Laserschnitts zu überdecken. **I** Die Außenwände sind werkseitig grau eingefärbt. Mir persönlich gefiel Weiß deutlich besser. Die Farbe wird in zwei Schritten aufgetragen, zunächst flächig ausgestrichen und im zweiten Lackiervorgang mit einem Flachpinsel aufgetupft. **I** Die Torbefestigungen aus Kunststoff werden mit wenig Sekundenkleber fixiert. Vorab sollte man aber die Öffnungen kontrollieren und ggf. nachbohren, damit der Metallstift später leicht einzusetzen ist.

Das Hauptgebäude

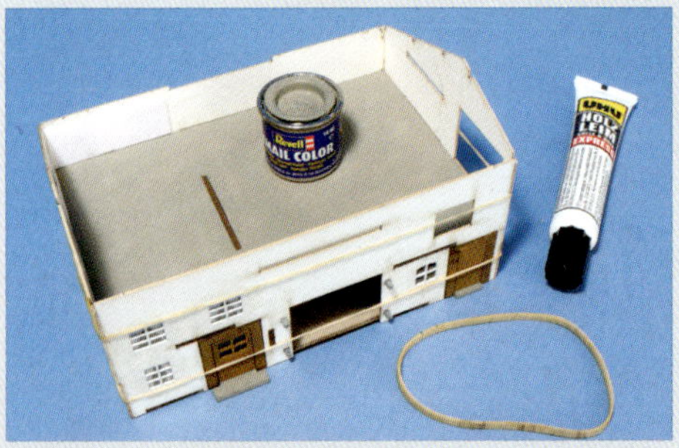

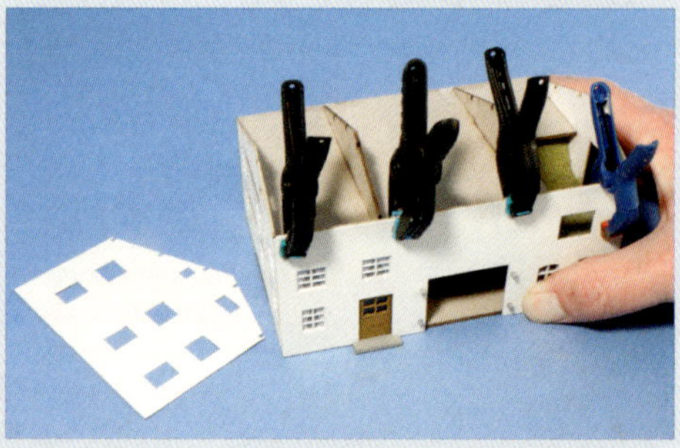

Der Boden der Tenne wird grau gestrichen. Dies macht vor allem Sinn, wenn das Tor im geöffneten Zustand eingebaut wird. Die Innenwände werden bis zum Abbinden des Klebstoffs mit Gummiringen fixiert. **I** In der Tenne wird loses Heu gelagert. Dies wiederum besteht aus einem Kern mit Dämmstoff, der zugeschnitten und eingefärbt und dann mit Fasern bestreut wird. Ein Stück Karton aus eigenem Bestand grenzt die Tenne nach hinten ab. **I** Die dünnen Außenwände müssen zwangsläufig mit den Fingern gehalten werden, bis der Klebstoff getrocknet ist. Nur an wenigen Stellen kann man Leimzwingen einsetzen.

blemlos überall mit dem Pinsel hinkommt. Genaugenommen sind es sogar hier drei Abfolgen der Prozedur, da ich die Fensterläden erst aufgeklebt und dann graniert habe. Die Laibungen von Fenstern, Türen und Toren waren da schon graniert.

Anlegen einer Rampe

Jetzt bleibt nur noch die Rampe als Zufahrt zur Tenne. Ich hatte es schon zeitig gesehen. Das Ding ist verdammt steil und hat fast die Neigung einer Ski-Sprungschanze! Keine Diskussion! Die wird neu gebaut!

Um mir die Arbeit ein wenig zu erleichtern, habe ich beschlossen, die Tore, den Boden über den Toren und das Geländer aus dem Bausatz weiterzuverwenden. Alles andere muss selbst gebaut werden. Ungeprägte Kunststoffplatten (Heki) und Mauerplatten (Kibri) dienen zum Bau der neuen Rampe, die nun deutlich länger wird und in einem sanften Bogen verlaufen soll.

Zunächst werden die Öffnungen für die Tore übertragen und mit Messer, Seitenschneider und Feile auf das gewünschte Maß gebracht. Senkrechte Schnitte in einem Abstand von 5 mm sorgen dafür, dass man die Rampenwände ohne Zwang in die gewünschte Bogenform bringen kann. Übrigens wölbt sich die Platte auf der anderen Seite der Parallelschnitte bereits jetzt leicht an. Bei den beiden Wänden ist also genau zu überlegen, auf welcher Seite man die Schnitte ansetzt! Mit einer Flachzange habe ich nun die Schnittkanten leicht nachgebogen, damit der Bogenradius kleiner wird.

Ebenfalls aus Kunststoffplatten entsteht der Boden und der Unterbau der Zufahrt. Ich hatte zufällig ein Stück einer Brücke mit dem Radius 2 zur Hand. Notfalls kann man auch gleich ein Stück Gleis mit dem R2 zum Aufzeichnen des Rampenbogens verwenden. Im geraden Teil der Rampe im Bereich der beiden Rundtore muss die Bodenplatte mit Aussparungen versehen werden, damit die Bausatzteile

Die Wände werden stumpf miteinander verklebt, so dass die Kanten mit weißer Farbe nachgetupft werden sollten, um die braunen Kanten des Laserschnitts zu überdecken. I Die Farbbrühe zum Verwittern wird an den verputzten Flächen nur mäßig eingesetzt, bei den Holzverkleidungen durchaus mehr. Holz und Fensterumrandungen werden bereits jetzt graniert. I Die Fensterläden werden mit wenig Klebstoff versehen aufgesetzt und nach Augenmaß ausgerichtet. Sie werden schließlich auch graniert.

Die Torflügel zum Stall werden beweglich montiert, während das Tor zur Tenne lediglich als Attrappe ausgeführt ist. Da die Tenne eingerichtet ist, wird es im geöffneten Zustand eingeklebt. I Nachdem der Dachstuhl verklebt ist, kann auch die Dacheindeckung aufgesetzt werden. Auch hier muss wieder für genügend Anpressdruck gesorgt werden. I Die Stützen für das weit ausladende Dach im Stallbereich werden noch ergänzt. Die Bauanleitung beschreibt explizit, wo sie einzusetzen sind.

Der fertige Eindach-Hof mit der selbstgebauten Rampe. Der Aufwand mit der neuen Rampe hat sich gelohnt.

Das neue Gebäudeensemble von Noch eingebettet in eine passende Umgebung mit leicht hügeliger Landschaft und allem, was man rund um einen Bauernhof finden kann. Eine Weide für das Milchvieh, eine Wiese, auf der gerade die Heuernte stattfindet und einen Bauerngarten, in dem alles wächst, was die Familie zur Selbstversorgung benötigt.

von innen eingefügt werden können. Jetzt sollten die Wände rund um die Tore weiß und der Unterbau der Zufahrt grau gestrichen werden. Das ist nämlich nach der Montage der ebenfalls grundlackierten Mauerplatten etwas schwierig. Da die Mauerplatten recht dünn sind, braucht man sie nicht senkrecht einzuritzen. Der Unterbau ist so stabil, dass er auch die geprägten Platten in Form hält. Abdecksteine liegen den Mauerplatten bei und können, nachdem sie leicht nachgebogen worden sind, auf die Mauerkronen geklebt werden.

Die Fugen des Natursteinmauerwerks habe ich mit einer Brühe aus Acrylfarben ausgelegt. Wasserlösliche Farben deshalb, weil sie die Grundfarbe nicht anlösen und man so schneller vorankommt. Bei Emailfarben müsste man mindestens 24 Stunden Trockenzeit einplanen.

Die Oberflächen der Natursteine werden mit gemischten Farben bedeckt. Ich habe nur ganz wenig Farbe mit einem Flachpinsel aufgenommen, diesen auf einem Papier leicht ausgestrichen und dann vorsichtig über das Mauerwerk gezogen. Die Farbe haftet dann nur oben auf und dringt nicht in die Fugen. Farbnuancen durch Mischen der Farbtöne auf einer Palette sind unbedingt gewünscht!

Jetzt können die Teile aus dem Bausatz aufgeklebt werden. Das Geländer ist ein bisschen zu kürzen, ebenfalls ist die Bodenplatte mit Einschnitten zu versehen. Kleinigkeiten, damit die Rampe exakt an das Gebäude passt. Schließlich wird die Auffahrt mit feinem Sand, Erde und feinen Flocken bestreut. Zum Kleben habe ich das bekannte Holzleimgemisch benutzt.

Fazit: Drei sehr schöne Gebäude für den ländlichen Raum. Alle drei sind kleiner als der Maßstab 1:87, was den Einsatz moderner Traktoren und Geräte nicht sinnvoll erscheinen lässt. Bei Modellen aus früherer Zeit fällt es nicht auf, dass die Gebäude etwas zu klein sind. Die Rampe zur Tenne sollte ersetzt werden, was wiederum dem Bastelspaß zugute kommt.

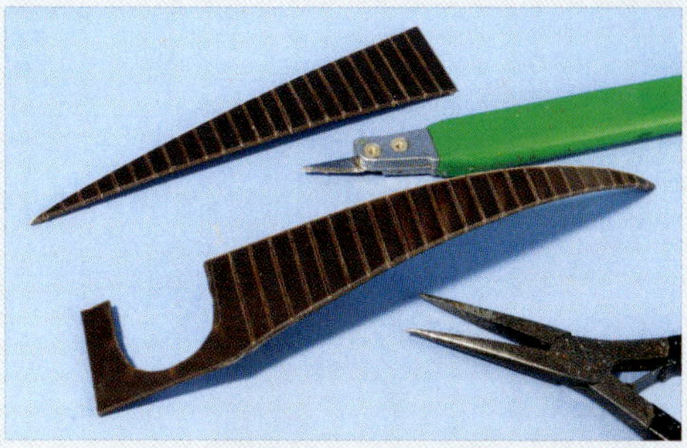

Die Auffahrt zur Tenne ist, zurückhaltend ausgedrückt, „etwas“ zu steil. Ein Neubau ist empfehlenswert. I Die Seitenwände für die neue Rampe entstehen aus 1 mm starken Kunststoffplatten (z.B. von Heki). Die Öffnung des Torbogens wird übernommen. Sie wird an der Außenkante mit einem Messer eingeritzt, mit dem Seitenschneider Stück für Stück aufgeschnitten und schließlich mit einer Feile versäubert. I Die Rampe soll in einem leichten Bogen verlaufen. Deshalb ritzt man die Kunststoffplatte in Abständen von 5 mm senkrecht an. Mit einer Flachzange biegt man jedes Feld des so entstehenden Bogens vorsichtig nach!

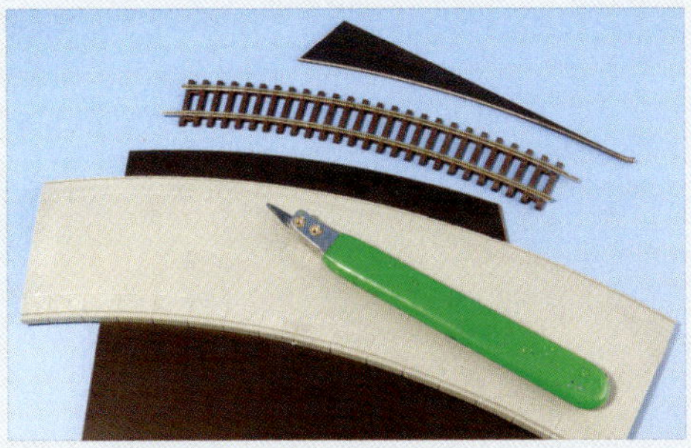

Nun müssen zwei Platten mit einem Bogenverlauf zugeschnitten werden. Als Maß könnte z.B. ein Gleis mit dem Radius 2 oder ein Stück Brücke mit identischem Radius dienen. Diese beiden Stücke halten die Seitenwände schließlich in Position. I Da die Tore aus dem Bausatz auch hier Verwendung finden, muss die Grundplatte im Bereich der Einfahrt mit entsprechenden Aussparungen versehen werden. I Die Wände im Bereich der Tore werden in der „Tupftechnik“ (wie bereits beschrieben) lackiert. Die Auffahrt selbst erhält einen grauen Anstrich.

Anlegen einer Rampe

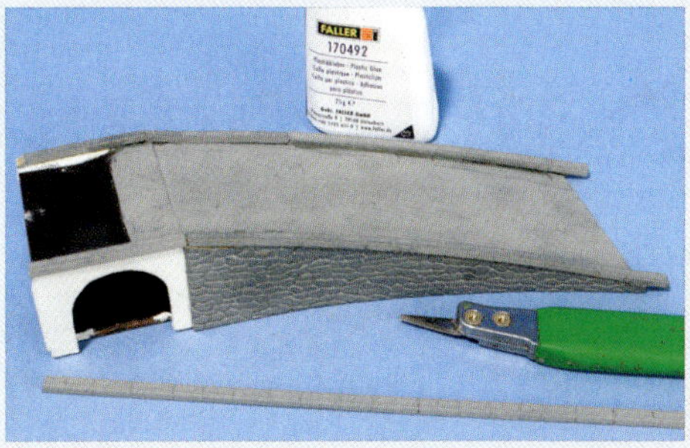

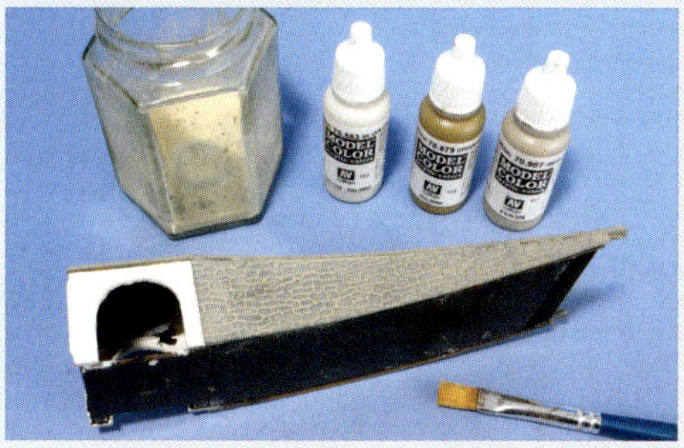

Die Wände der Rampe werden mit einer Natursteinplatte (hier Kibri) verkleidet. Die beiden zugeschnittenen Stücke sollten vor dem Verkleben bereits grundlackiert werden. I Die an den Kunststoffplatten vorhandenen Abdecksteine bilden die Mauerkrone. Sie werden für den Bogenverlauf mit den Händen in die gewünschte Form gebracht. I Die Fugen der Natursteine werden mit einer Farbbrühe aus Acrylfarben ausgelegt. Die Fläche liegt möglichst waagerecht.

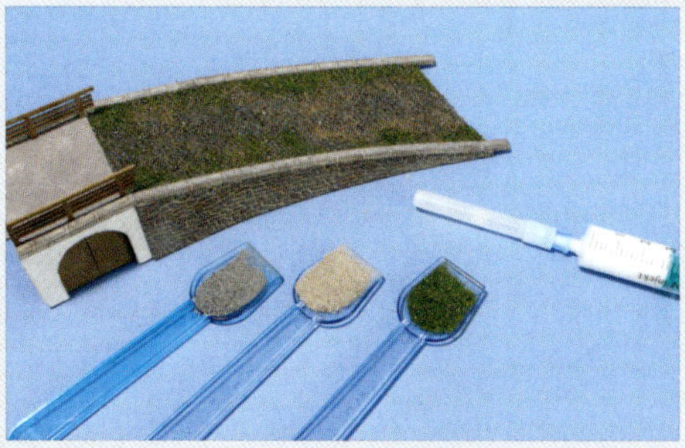

Die Oberflächen sämtlicher Steine können nun mit Farbgemischen verschiedener Emailfarben hervorgehoben werden. Die Farbe wird ähnlich dem Setzen der Lichtspitzen mit einem gut ausgestrichenen Flachpinsel aufgewischt. I Die bereits eben erwähnten Teile des Bausatzes können nun an der Rampe eingeklebt werden. I Die Auffahrt kann mit feinem Splitt, Erde und Flocken gestaltet werden. Zum Kleben dient das bekannte Leimgemisch aus Holzleim.

Verschiedene Szenen mit den kleinen Heuballen. Ob sie nun auf einem Anhänger transportiert werden oder vielleicht per Schubkarre Richtung Stall gefahren werden, die kleinen Ballen wirken auch dank der Bindung aus feinem Nähgarn sehr ansprechend.

Als nette Ergänzung zum Thema Bauernhöfe bieten einige Hersteller auch Ballen in runder und eckiger Form an.

Heu- und Strohballen

Mal rund, mal eckig – Futter und Einstreu für die Tiere

Stöbert man die Kataloge der einschlägig vorbestraften und bekannten Hersteller einmal genauer durch, so finden sich immer Dinge, die hervorragend zum Thema Bauernhöfe passen. Selbst simple Dinge wie Heu- und Strohballen sind hier zu finden. Und nicht nur von einem Hersteller!

Heureiter von Busch

Also habe ich mir einmal drei dieser Zusammenstellungen ausgesucht, um zu sehen, was man mit dem Material machen kann und ob es etwas zu verbessern gibt. Die Fa. Busch stattet ihr Set gleich sehr üppig aus. Hier findet man neben runden auch eckige Ballen, sechs Heureiter in Form eines Kegels, zwei verschieden farbige kurze Fasern und ein paar Geräte, wie z.B. Rechen und Gabel.

Je nachdem, ob man nun Heu oder Stroh in Ballenform darstellen möchte, färbt man den Kunst-

stoffkern grünlich oder beige ein. Dies kann man z.B. mit dem Sprühlack von Noch machen, vor allem, wenn man diesen noch zur farblichen Abwandlung von Fasern benutzen will.
Eine wirklich passende Faser zu finden, ist äußerst schwierig, zu gelb, zu grün, nichts sieht wie Heu oder Stroh aus. Deshalb habe ich mir Fasern ausgesucht, die zumindest näherungsweise passen. Zur Darstellung von Heu habe ich mir eine beige Faser (hier für Heu, das auf die Heureiter kommt) von Noch ausgewählt.
Es fehlt aber gut erkennbar der nötige Grünstich, den Heu aufweist. Dieser wird mit dem hellgrünen Acrylspray von Noch erzeugt. Die Fasern werden allerdings nur „angehaucht", sonst verklumpen sie bzw. bekommen einen falschen Farbton.
Die Heureiter werden auf ein gerolltes Blatt Zeitung gesteckt, mit Holzleim bestrichen und dann mit den Fasern bestreut. Mit den Fingern versucht man die Fasern leicht an den Basiskörper anzudrücken. Dann stellt man die Haltevorrichtung mit einer Leimzwinge gesichert zum Trocknen beiseite. Und das Ergebnis nach dem Trocken? Die Fasern stehen völlig durcheinander ab, was nicht wirklich realistisch aussieht!
Leicht frustriert, ob dieser „Igelfrisur", habe ich den Heureiter nun mit dem bekannten Holzleimgemisch bestrichen. Dabei wird der Pinsel von der Spitze zu den Rändern geführt, damit sich die Fasern möglichst nach unten neigen. Auf das Ergebnis muss man jetzt warten und siehe da, auch wenn nicht die letzte Faser optimal liegt, die zusätzliche Mühe hat sich gelohnt!
Über- und abstehende Fasern werden mit einem Kunststoffseitenschneider entfernt. Hier ist vor allem der untere Rand zu begradigen, damit die Heureiter einen ordentlichen Stand haben.

Rundballen von Busch

Heu als auch Stroh können zu Rundballen gepresst werden. Je nachdem für welche Variante man sich entscheidet, sollte der Kunststoff auch hier farblich behandelt werden. Für die Rundballen habe ich handelsübliche Emailfarbe von Revell verwendet, die einfach mit dem Pinsel aufgetragen wird.
Die Ballen werden ausschließlich mit kurzen Fasern umgeben. Hier habe ich solche mit 2,5 mm

Heureiter von Busch

Das Busch-Set „Heu- und Strohballen" (Art. Nr. 1212) enthält neben runden und eckigen Ballen auch sechs Reiter in Form eines Kegels. Dazu gibt es zwei verschiedenfarbige Fasern, sowie ein paar Geräte, wie z.B. Rechen und Gabel.

Je nachdem, ob man Heu oder Stroh benutzen möchte, sollte der Kunststoffkern des Bausatzes grünlich oder beige gefärbt werden. Z.B. mit dem Sprühlack von Noch, vor allem, wenn dieser auch zur farblichen Abwandlung von Fasern dienen soll.

Zur Darstellung von Heu wird eine beige Faser von Noch mit dem hellgrünen Acrylspray des Herstellers „angehaucht". Links im Bild das fertige „Heu".

Die Heureiter werden auf ein gerolltes Blatt Zeitung gesteckt, mit Holzleim bestrichen und dann unverzüglich mit dem vorbereiteten „Heu" (6-mm-Faser von Noch) bestreut.

Die Fasern stehen recht „wild" von dem Heureiter ab, was nicht sehr realistisch aussieht.

Jetzt werden die Fasern mit dem Leimgemisch bestrichen, damit sich die Fasern möglichst nach unten neigen.

Überstehende Fasern werden nach dem Trocknen mit einem Seitenschneider randscharf abgeschnitten.

Aus dem „Heuigel" wird durch das erneute Bestreichen mit Klebstoff ein ansehnlicher Heureiter, so wie er früher vielerorts zu sehen war.

Ein Netz für die Rundballen

Heu als auch Stroh können zu Rundballen gepresst werden. Je nachdem für welche Variante man sich entscheidet, sollte der Kunststoff vorab farblich behandelt werden. Verwendet wurden Emailfarben von Revell, die einfach mit dem Pinsel aufgetragen werden.

Für die Ballen werden kurze Fasern verwendet. Sie sind wieder farblich mit Sprühlack behandelt. Zunächst wird die Oberfläche des Ballens bearbeitet. Zwingen halten den Ballen dabei an den Seiten.

Rundballen werden, damit sie nicht auseinanderfallen, mit einem Netz umgeben. Um dies nachzuahmen, wird gefärbter Tüll entsprechend der Breite des Ballens zugeschnitten.

Die Ballenoberfläche wird mit leicht verdünntem Holzleim bestrichen, auf die dann die zugeschnittenen Streifen Tüll aufgeklebt werden. Das Material muss kurze Zeit mit den Fingern angedrückt werden, ehe es Halt bekommt.

Rundballen aus Heu oder Stroh werden in entsprechenden Ballenpressen geformt und dort auch mit einem Netz umspannt.

Länge aus dem Hause Noch verwendet. Die Fasern wurden ebenfalls mit dem grünen Sprühlack behandelt, so dass sie Heu relativ ähnlich sind. Zunächst wird die Oberfläche der Ballen wieder mit Holzleim bestrichen und dann umgehend mit den Fasern bestreut. Bereitliegende Zwingen halten dabei den Ballen an den Seiten. Erst wenn der Klebstoff vollständig getrocknet ist, werden die Seitenflächen mit Fasern behandelt.

Ein Netz für die Rundballen

Rundballen werden in freier Wildbahn, damit sie nicht auseinanderfallen, mit einem Netz umgeben. Mein erster Gedanke dies mit Mullbinden darstellen zu können, erwies sich als nicht praktikabel. Schon der Zuschnitt eines dünnen Mullstreifens zeigt das Problem auf. Die einzelnen Fäden sind nicht verwoben und aus dem feinen Gittermuster wird ein wildes Durcheinander.

Also musste der gute alte Tüll herhalten, der zwar von der Maschenweite zu groß ist, aber zugeschnitten absolut formstabil bleibt. Er muss allerdings zuvor noch eingefärbt werden. Dies habe ich wieder mit einem Sprühlack von Noch gemacht, da dieser Lack für dieses und weitere Projekte vorhanden war. Selbstverständlich kann man auch Emailfarbe aufstreichen.

Zur Befestigung des Netzes auf der Ballenoberfläche wird diese mit leicht verdünntem Holzleim bestrichen. Hierauf richtet man dann das Netz aus und rollt es um den Ballen. Da der Tüll etwas widerspenstig ist, muss man das Material kurze Zeit mit den Fingern andrücken, ehe es Halt bekommt. Natürlich lassen sich auch so Strohrundballen herstellen. Man benötigt nur andere kurze Fasern.

Eckige Strohballen

Die eckigen Ballen werden bereits im Rahmen mit Fasern bestreut. Lediglich die Seite, die mit dem Gussast verbunden ist, wird nachträglich bearbeitet. Wie bei den Heureitern stehen die Fasern nach dem Trocknen des Klebstoffs kreuz und quer ab. Also wird die Prozedur mit dem Leimgemisch auch hierbei wiederholt.

Damit die eckigen Ballen nicht auseinanderfallen, sind sie mit zwei Kordeln über die Längsseite gebunden. Dies kann man im Modell mit Nähgarn nachahmen. Eine Seite des Ballens wird zur „Un-

terseite" ernannt. Hier wird geknotet und verklebt. Da ist es auch nicht schlimm, wenn mal ein wenig zu viel Klebstoff auf den Knoten gelangt und glänzende Flecken hinterlässt. Zum Kleben dient Sekundenkleber. Überstehender Faden wird mit dem Seitenschneider entfernt.
Die Mühe mit dem Binden einzelner Ballen sollte man sich aber nur machen, wenn man dies auch später sehen kann, also z.B., wenn einzelne Ballen auf einem Anhänger transportiert werden, oder wenn Ballen per Schubkarre Richtung Stall gefahren werden. Heu- oder Stroh in der Scheune gestapelt braucht nicht derart aufwendig dargestellt zu werden. Da gibt es einfachere, aber trotzdem effektvolle Methoden (vgl. z.B. Kapitel Feldscheune und Heuschuppen)

Gär- und Wickelballen

Die Fa. Kibri bietet ein Set (Art. Nr. 38661) Gär- und Strohballen an. Der einzige Unterschied bei diesen Rundballen ist die Grundfarbe. Theoretisch könnte man auch diese Rundballen entsprechend der eben beschriebenen Methoden mit Fasern und einem Netz versehen. Da ich aber für das Projekt „Moderner Bauernhof" eine Menge Wickelballen als nettes Beiwerk benötigte, habe ich sämtliche Kunststoffballen mit einem seidenmatten Weiß gestrichen, auch die weißen, damit eine einheitliche Farbe vorherrscht.
Bei genauerer Betrachtung handelt es sich nicht um Wickelballen, da man seitlich am Ballen deutlich das aufgerollte Material erkennen kann. Und bei den Wickelballen wird die luftdichte Folie mehrlagig, kreuz und quer um den Rundballen gezogen. Macht aber nichts! Trotzdem sind die Ballen gut zu gebrauchen.
Beim Faller-Produkt „20 Heuballen" (Art. Nr. 180907) sind die Details direkt am Kunststoff zu erkennen, also auch die Bindung über die Längsseite bei den eckigen Ballen. Ich habe mich aber entschieden, die Ballen nach der hier beschriebenen Methode zu bearbeiten, also mit Fasern, Netz aus Tüll und Bindung aus Nähgarn.
Bleiben noch einige grundsätzliche Überlegungen. Die hier gezeigten Ballen und auch die Heureiter gehören zu unterschiedlichen Epochen. Die Heureiter sind dort einzuordnen, wo das Heu noch überwiegend per Hand gemacht wurde. Heutzutage wird Heu mit Groß- und High-Tech- Gerät gemacht und zu Ballen in großer eckiger Form oder eben zu Rundballen gepresst. Eine Rundballenpresse gibt es z.B. als Bausatz von Kibri.
Die kleinen eckigen Ballen werden heute kaum noch produziert. Sie sind vielleicht da zu finden, wo die entsprechenden Pressen noch im Betrieb vorhanden sind und eher kleinere Mengen Heu und/oder Stroh benötigt werden.
Gärfutter in Wickelballen ist auch als „neuere" Erfindung zu betrachten. Die früher übliche Weidehaltung der Kühe im Sommer und die Stallhaltung im Winter mit der Fütterung von Heu ist heute durch eine ganzjährige Stallhaltung mit Fütterung von Silage (die in den Wickelballen) ersetzt worden.
Selbstverständlich gibt es nach wie vor Ausnahmen von der Regel und so werden sicherlich noch in unzugänglichen gebirgigen Regionen Heureiter zu finden sein, ebenso wie Kühe, die glücklich auf der Weide grasen.
Zum Abschluss noch ein kleines Praxisbeispiel für die Lagerung von Stroh-Rundballen auf offenem Gelände. Hier im Modell werden sie zunächst in

Früher war alles anders. Da wurde das Heu häufig zum vollständigen Durchtrocknen auf Holzgestelle gelegt. Das bedeutete viel Handarbeit für die Bauern. Übrigens sind die „langen" Halme recht realistisch. Das Gras wurde erst in einer bestimmten Höhe geschnitten und nicht, wie es heute üblich ist, mehrfach im Jahresverlauf, was allerdings eine optimale Witterung voraussetzt.

Die eckigen Ballen werden bereits im Rahmen mit Fasern bestreut. Lediglich die Seite, die mit dem Gussast verbunden ist, wird nachträglich bearbeitet.

Bei den eckigen Ballen stehen die Fasern auch recht stark ab. Die nochmalige Behandlung mit dem Leimgemisch sorgt dafür, dass sie fester am Ballen anliegen.

Damit die eckigen Ballen nicht auseinanderfallen, sind sie über die Längsseite gebunden. Dies kann man im Modell mit Nähgarn nachahmen. Zum Kleben dient Sekundenkleber.

Eckige Strohballen

Gär- und Strohballen gibt es in dem Kibri-Set Art. Nr. 38661. Der einzige Unterschied bei diesen Rundballen ist die Grundfarbe.

Mit seidenmatter weißer Farbe werden auch die Strohballen schnell weiß. Allerdings sollte man die restlichen weißen Ballen auch nochmals lackieren, um Farbunterschiede auszugleichen.

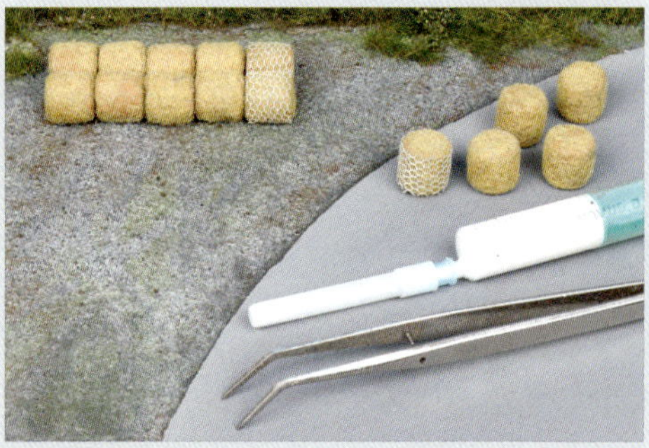

Stroh-Rundballen können gut draußen gelagert werden, so sie mit einer Plane gegen Regen geschützt werden. Hier im Modell werden sie in den noch feuchten Untergrund gelegt.

Gär- und Wickelballen

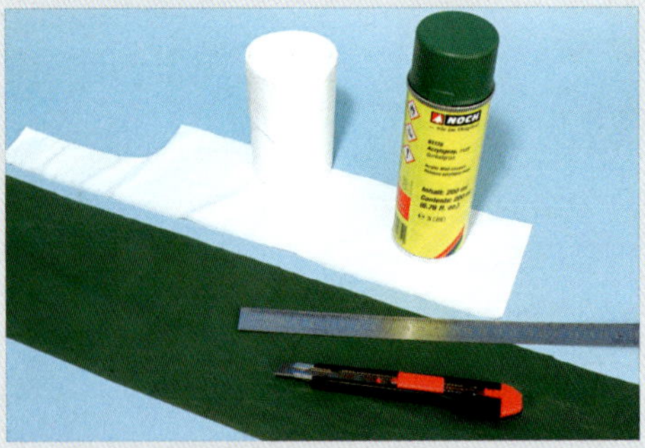

Die Abdeckplane wird aus einem Müllbeutel zugeschnitten. Mit einem Sprühlack von Noch kann man die Farbgebung variieren. Der Lack wird beidseitig aufgetragen.

Die zugeschnittene Plane wird mit Sekundenkleber auf den trockenen Untergrund geklebt und mit einem Holzstab fest an den Untergrund angedrückt. Dies geschieht in mehreren Schritten.

Die Plane wird aufgeschlagen, damit man zumindest einige der Ballen erkennen kann. Als „Ballast" werden einige alte Zaunpfähle auf die Folie geklebt.

den feuchten Untergrund gelegt. Lediglich die Ballen, die man später auch sehen kann, werden mit einem Netz gestaltet. Nach dem Trocknen werden die oberen Ballen mit einem Alleskleber fixiert.

Eine Abdeckplane, damit das Stroh nicht nass wird, kann aus dünnen Müllbeuteln zugeschnitten werden. Mit einem Sprühlack von Noch habe ich die Folie beidseitig lackiert. Die Maße für die Plane sollten großzügig bemessen sein. Sie muss die Ballen auch seitlich abdecken und unten ausreichend aufliegen können.

Die zugeschnittene Plane wird mit Sekundenkleber auf den trockenen Untergrund geklebt und mit einem Holzstab fest an den Untergrund angedrückt. Dies geschieht in mehreren Schritten, damit man die Plane auch straff über die Ballen spannen kann. An einem Ende wird die Plane dann umgeschlagen, so dass man einige Ballen sehen kann. Als Ballast habe ich schließlich einige (selbstgefertigte) Zaunpfähle auf die Folie geklebt. Und schon ist ein nettes Motiv am Rande eines modernen Bauernhofs entstanden.

Ein nettes stimmiges Motiv stellen die abgedeckten Strohballen rund um einen modernen Bauernhof dar.
Auch die Wickelballen mit Silage passen ausgesprochen gut zu einem modernen Bauernhof, auch wenn Fahrsilos die Hauptmenge an Silage aufnehmen.

Ja, wer knattert denn da?

Weinert-Traktoren und landwirtschaftliche Geräte

Ich wette mit Ihnen, ein echter Lanz-Fan erkennt den Schlepper-Typ am Motorengeräusch! Gut, mehr als markant ist der Sound ja und das sollte auch einen Laien befähigen, einen Ackerschlepper von einem Schienenbus zu unterscheiden.

Kurze Rast an der Kapelle (Faller) und vielleicht ein Stoßgebet für baldigen Regen. Der Bauer steigt gerade wieder auf seinen Lanz.

Bauer Peter macht mit seinem heißgeliebten Acker-Bulldog einen Ausflug. Im Hintergrund ist die verfallene Scheune von Busch zu sehen.

Unbeschrankte Bahnübergänge an Feldwegen sind nicht ungefährlich! Der Lanz ist so laut, dass man das Pfeifen der Lok gar nicht hören kann.

Aber was um Himmelswillen macht die Faszination dieser Maschinen aus, dass sie bis in die heutige Zeit einen derartigen Kultstatus besitzen? Das Motorengeräusch allein kann es nicht sein. Vielleicht spielen hier auch Begriffe wie Zuverlässigkeit, Robustheit und Langlebigkeit eine Rolle.
Ehrlich gesagt, ich weiß es nicht, denn es gab genügend Mitbewerber auf dem Markt, die sicherlich auch keine schlechten Produkte abgeliefert haben. Doch nur unter echten Fans sind Namen wie Eicher, Kramer, Hela usw. ein Begriff.

Auf jeden Fall hat sich die Fa. Weinert mit ihren Bausätzen der Marke Lanz angenommen und bietet diverse Schlepper für Straße und Acker an. Dazu gibt es diverse Gerätschaften.
Die Bausätze bestehen aus Metall, was den ein oder anderen Interessenten möglicherweise abschrecken mag. Doch die Bearbeitung der präzise gefertigten Teile ist wirklich kein Hexenwerk. Insbesondere das weiche Weißmetall stellt keine wirkliche Herausforderung dar. Löten ist auch kein Muss. Sekundenkleber und ein Zweikom-

Langholztransport über einen Feldweg zum Sägewerk. Das Gespann kann nur ganz langsam fahren, da der Feldweg mit Schlaglöchern übersät ist.

Der Halbdiesel-Schlepper mit Frontlader auf dem Weg zum nächsten Einsatz. Vielleicht erbarmt sich der Bauer zur Reparatur des Feldwegs.

Während der Halbdiesel-Schlepper ganzjährig im Einsatz ist, werden die Geräte im Frühjahr aus der Scheune geholt und gewartet.

ponentenkleber sind wesentlich einfacher zu handhaben. Allerdings sollte zum Lackieren eine Airbrush-Pistole vorhanden sein. Mit einem Pinsel lassen sich die Modelle nicht wirklich bemalen.

Ich kann nur sagen: Trauen Sie sich! Sie werden mit wunderschönen Modellen belohnt.
Und wie sich die (Acker-)Schlepper in ländlicher Umgebung machen, zeigen die Bilder von diversen Motiven auf diesen Seiten.

Der Milchtank auf dem Einachs-Anhänger ist zum Wasserfass umfunktioniert worden. Die Kühe freut es!

Der Handel ist perfekt, die Sau ist verkauft. Jetzt muss sie nur noch vom Hof abtransportiert werden. Der Viehanhänger passt so gerade...

Gras mähen mit zwei PS geht deutlich schneller als mit der Sense. Es wird nicht mehr lange dauern, bis ein Ackerschlepper die Arbeit übernimmt.

Für das Heuwenden reicht hingegen eine Pferdestärke. Das Heu muss absolut trocken sein, ehe es im Stall gelagert wird. Deshalb wird die Prozedur mehrfach am Tag wiederholt.

Die Lanz-Freunde Lanzburg treffen sich einmal im Monat an der Feldscheune (vgl. auch Artikel „Feldscheune") zum Plausch und tauschen ihre Erfahrungen mit und über ihre „Schätze" aus.

Ergänzt um Figuren und Kühe von Preiser macht sich der Weidezaun von Weinert hervorragend in einem ländlichen Motiv.

Weinerts Weidezaunpfosten und Stacheldraht

„Edler“ Weidezaun für das Modellvieh

Meine Weidezäune baue ich seit ewigen Jahren aus zugeschnittenen und gespaltenen Ästen, die in verschiedenen Lackiervorgängen eingefärbt und dann mit Nähgarn als Stacheldraht-Imitat versehen werden. Diverse Beispiele finden Sie hier in diesem Buch.
Eher zufällig wurde ich von einem Freund darauf aufmerksam gemacht, dass es da eine interessante Alternative aus dem Hause Weinert gibt, nämlich die Eck- und Torpfosten (Art. Nr. 32761) und die Weidezaunpfosten (Art. Nr. 32762) sowie den Stacheldraht aus geätztem Neusilber.

Sämtliche Pfosten weisen zwei Halterungen auf, in die der Stacheldraht später eingehängt wird. Zudem ist jeder Pfosten durch einen Anguss verlängert, der schließlich die notwendige Verbindung zum Untergrund herstellt.
Die Pfosten können direkt am Angusskanal lackiert werden. Ich habe hier ein mittleres Grau ausgewählt. Die Halterungen werden rostbraun eingefärbt. Der äußerst filigrane Stacheldraht wird idealerweise mit Sprühlack aus der Dose oder, falls vorhanden, mit einer Airbrush-Pistole lackiert. Ein wenig grüne Acrylfarbe von Vallejo deutet Moosbewuchs auf den Pfosten an. Die Lasuren Schwarz und Sepia von Vallejo sorgen für die Tiefenwirkung, während ein heller Grauton die Lichtspitzen erzeugt.
Die hier ausgewählten Acrylfarben und -lasuren habe ich deshalb benutzt, da sie die Grundfarbe auf den Pfosten nicht anlösen können und somit ein zügiger Arbeitsfortschritt gewährleistet ist.
Nun können die Pfostenenden mit dem Untergrund verklebt werden. Ist der Untergrund weich, reicht schon ein Nagel, der mit wenig Druck das notwendige Loch erzeugt. Bei einem harten Untergrund muss natürlich gebohrt werden.
Ein Lineal gibt die Flucht vor und sorgt dafür, dass die Pfähle in einigermaßen regelmäßigen Abständen zu stehen kommen. Ehe man den Stacheldraht an die einzelnen Pfosten hängt, muss dieser aus dem Rahmen getrennt werden. Damit dies aber nicht zu einem heillosen Durcheinander führt, bei dem sich der Draht verhakt und verwickelt, schneidet man einige wenige Bahnen aus dem Rahmen und wickelt den Draht sofort auf ein Rundholz!
Jetzt kann der Stacheldraht in die Ösen der Pfosten eingehängt werden. Mit einer Pinzette drückt man die Ösen zu. Kleinste Mengen Sekundenkleber fixieren in einem Abstand von mehreren Pfosten den Draht zusätzlich, so dass er auch sicher auf Spannung bleibt.

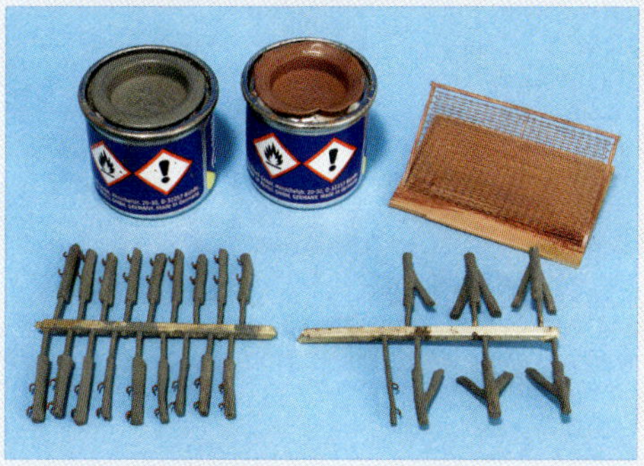

Mit einer gut fließfähigen Emailfarbe werden die Pfosten grau lackiert. Die Halterungen für den Stacheldraht färbt man rostig. Der Stacheldraht wird idealerweise spritzlackiert.

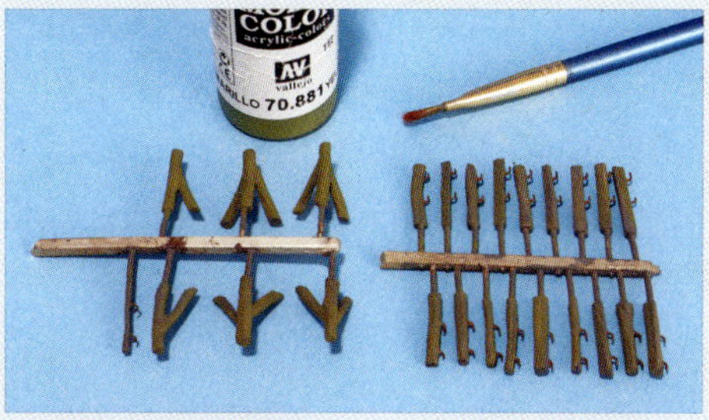

Ein wenig grüne Farbe schadet bei alten Pfählen garantiert nicht. Eine Acrylfarbe verhindert, dass sich die Grundlackierung wieder ablöst.

Wasserlösliche Lasuren und ein heller Grauton von Vallejo sorgen für Tiefenwirkung bzw. die obligatorischen Lichtspitzen.

Die Pfähle werden hier bei einem relativ weichen Untergrund in Löcher geklebt, die man mit einem passenden Nagel gesetzt hat. Ein Lineal sorgt für einen einigermaßen geraden Verlauf und für regelmäßige Abstände der Pfosten zueinander.

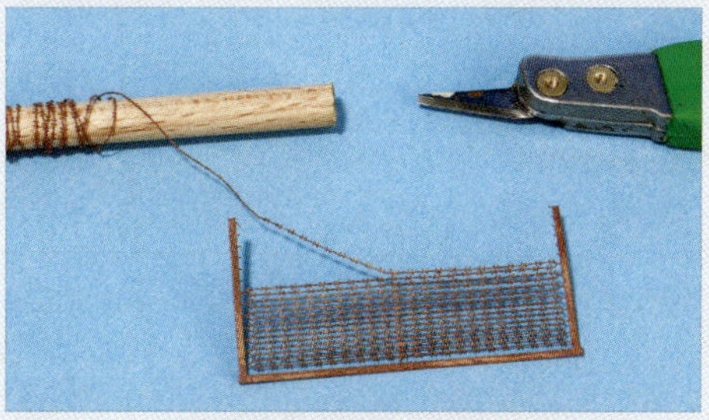

Der Stacheldraht wird mit einem Messer aus dem Rahmen geschnitten und in Teilstücken sofort auf ein Rundholz gewickelt, damit sie sich nicht ineinander verhaken.

Pfahl für Pfahl wird der Stacheldraht in die Halterungen gehängt. Die Ösen drückt man nun vorsichtig zu. Hier und da ein wenig Sekundenkleber sorgt für mehr Spannung des Stacheldrahts.

Busch-Backhaus

Voll im Trend – selber Brot backen!

Es sind seltsam merkwürdige Zeiten, auch im Hause Mauer! Da ruft neulich der (erwachsene) Sohnemann an, der seit gut einem halben Jahr auf eigenen Füßen steht, und erkundigt sich bei der ehemals Erziehungsberechtigten, wie man denn wohl ein Brot selber backe! Dem ebenfalls bei diesem Telefonat anwesenden ehemaligen Erziehungsberechtigten entgleitet unkontrolliert die Kinnlade ob dieser Frage des ehemals Erzogenen.
Weil ich rein gar nichts Produktives zum auserkorenen Thema beisteuern kann, beschließe ich, mich in mein Refugium zurückzuziehen, um mich dort dem Backhaus (Art. Nr. 1384) der Fa. Busch zu widmen, wobei ich ja sozusagen beim Thema bleibe, nur etwas komprimiert auf den Maßstab 1:87.

Bewährte Materialien zum Bau der Busch-Gebäudemodelle: Karton und Kunststoffe im Materialmix. I Vor der Montage der Innenwände sollte die Bodenplatte an den Rändern und im vorderen Bereich auch oben mit einer grauen Emailfarbe lackiert werden. I Das Mauerwerk besteht, wie bei vielen anderen Bausätzen auch, aus einem flexiblen, weichen Kunststoff, der rückseitig selbstklebend ist. Nachdem eine verdünnte Farbe die Fugen durchzogen hat, werden teils gemischte Volltonfarben auf die Steinoberflächen gewischt.

Folie ab, ausrichten und andrücken. Das Mauerwerk ist schnell montiert. I Ein Brotschieber aus einer Schaufel, eine verkleinerte Bank als Ablagefläche, eine Kiste samt Brotteig aus Kunststoffresten und eine Tür für den Ofen aus einer dünnen Kunststoffplatte zieren den einsehbaren Bereich. I Nachdem diese Teile verklebt sind, können die Giebelwand und die restlichen Mauerwerksteile eingesetzt werden.

Während ich die Packung öffne, denke ich noch ein wenig über die guten alten Zeiten nach, aus der das Vorbild des neuen Modells von Busch wohl stammt. Ja, blöd waren die (Menschen) damals nicht. Da gab es überall Backhäuser, private und auch öffentliche für eine (Dorf-)Gemeinschaft. Wobei der soziale Faktor dieser gemeinsamen Tätigkeit, so ganz nebenbei, auch nicht zu unterschätzen ist…

Aber bleiben wir jetzt endlich bei dem Bausatz! Busch hat hier wieder in konsequenter Weise ein weiteres schönes Bauwerk geschaffen, das sich hervorragend in ein ländliches Motiv wie z.B. einen Bauernhof einfügen lässt. Einmal ganz davon abgesehen, dass es nicht viele Backhäuser in den Sortimenten der bekannten Hersteller gibt.

Über den Bau an sich braucht man keine neue Abhandlung zu verfassen. Bewährte Materialien werden im Hause Busch auf hohem Niveau verwendet. Man muss sich nur hier und da einmal an das „Nicht-Plastik-Bauteil" gewöhnt haben und dann ist alles kein wirkliches Kunststück mehr. Also braucht man eigentlich nur der ausführlichen Bauanleitung zu folgen, wenn man da nicht noch ein paar Ideen ausbrütet, die sich nachzubilden lohnen.

Natürlich gehört auch die Farbgebung dazu. Werkseitig lassen sich einfach nicht alle Möglichkeiten ausschöpfen, zumindest nicht zu vertretbaren Kosten und schließlich gehört ein bisschen Bastelspaß ganz bestimmt auch zu unserem Hobby.

Für die Grundlackierung benutze ich persönlich am liebsten die Emailfarben, da es hier zu keinen Problemen mit möglicherweise verzogenen Teilen durch Feuchtigkeit kommen kann. Und im nächsten Satz widerspreche ich mir postwendend, indem ich erkläre, dass die Acrylfarben von Vallejo für das

Dach und Firstabdeckung werden neu lackiert, vorzugsweise in etwas helleren Grautönen. | Das Schieferdach wird mit einem Alleskleber fixiert, während man für die Firstabdeckung aus Pappe besser einen Holzleim verwendet, der das Material geschmeidiger macht, so dass es anliegt.

Um eine kleine Nahtstelle zwischen Dach und Kamin zu kaschieren, klebt man grau eingefärbtes Papier auf. Es wird ebenfalls mit Holzleim geklebt. | Ein Stück zugeschnittener Plattenbelag (Faller) dient zur Befestigung des Eingangs und des seitlichen Holzlagerplatzes. Lasuren und Volltonfarben von Vallejo sorgen für das nötige Farbfinish.

Der Holzvorrat entsteht aus echtem Holz. Die Holzscheite werden mit Holzleim aufgeklebt. | Eine Abdeckung aus Teerpappe ist schnell aus eingefärbtem Papier erstellt. Aufgeschlagen, aber nicht geknickt (!) sieht es so aus, als ob eben erst Holz entnommen wurde. Einige Scheite dienen auch als Gewicht, damit die Teerpappe nicht wegfliegen kann.

Das fertige Backhaus mit seinen zusätzlichen Details ist nun bereit zum Einbau.

Altern, Verwittern und Granieren ideal sind. Unter dem Strich soll das heißen: Nicht zu viel Wasser auf Karton, klar!

Da die Vallejo-Farben hier sowieso nur auf den Kunststoffen (Dach, Mauerwerk) benutzt werden, ist der Hinweis am konkreten Beispiel eher übertrieben, aber man sollte ihn im Hinterkopf behalten. Bei manchen Produkten anderer Hersteller sollte man sich hieran spätestens erinnern.

Meine höchst eigene Leistung bei diesem Bausatz bezieht sich auf die Detaillierung des Vorraums und des Brennstoffvorrats neben dem Gebäude. Hier ist es sehr praktisch, wenn man Kleinteile in einer Restekiste hat, wobei das Finden dann eher zur Geduldsprobe wird.

Der Brotschieber ist eine flache Schaufel, die ganz vorsichtig mit einer Feile abgerundet wird. Stiel und Blatt müssen geradegebogen werden. Jetzt muss man nur noch ein wenig Farbe auftragen, fertig.

Der Tisch ist eigentlich eine Bank (Kibri). Ich habe alle möglichen Tische (Preiser, Faller) rausgesucht, die ich finden konnte, aber alle waren deutlich zu groß. Selbst die Bank ist zu lang und stünde nach außen über. Also habe ich sie entsprechend gekürzt und neu zusammengesetzt.

Woher die Wanne für den Brotteig stammt, weiß ich ehrlich gesagt nicht mehr. Notfalls kann man aber vier dünne Kunststoffprofile mit einer Kunststoff-Bodenplatte versehen. Der Teig war ursprünglich tannengrün! Es handelt sich nämlich um eine Nadelbaum-Girlande aus einem Zubehör der Preiser-Weihnachtsmarkt-Buden. Ein wenig zurechtgeschnitten, mit der richtigen Farbe versehen und dann nebeneinander in die Wanne gelegt, sieht der ungeformte Teig ganz passabel aus. Es könnte sich hier natürlich auch um einen Hefezopf handeln.

So ein Ofen in einem Backhaus braucht natürlich auch Brennholz. Entsprechende Scheite liegen sicher immer ganz in der Nähe. Echtes Holz ist für die Modellnachbildung die erste Wahl. Kleine Ästchen werden auf knapp einen Zentimeter zugeschnitten und mit einem scharfen stabilen Messer geviertelt. Damit man die Finger nicht gleich mit teilt, muss unbedingt eine Zange zum Halten bereitliegen!!! Die Scheite klebt man mit wenig Holzleim zu einem Stapel zusammen, wer mag, auch mit seitlichen Stützen.

Abdecken kann man das Holz mit Teerpappe. Hierfür eignet sich einfaches Papier, das mit einer Emailfarbe dunkelgrau gestrichen wird. Als kleinen Gag kann man die Teerpappe umschlagen, aber nicht knicken. Das würde das echte Material nicht mögen. Ein paar Scheite als Ballast oben auf und fertig ist der Holzvorrat.

Ich habe das Backhaus vorne und auf einer Seite teilweise noch gepflastert, schließlich will keiner gerne in der Matsche stehen und das Holz liegt so auch sauber. Das zugeschnittene Stück Platte stammt aus dem Faller-Sortiment.

Jetzt braucht das Backhaus nur noch ein geeignetes Plätzchen (weil Platz beansprucht es nicht viel) unweit eines Bauernhauses und die passenden Preiser-Damen liegen auch schon bereit.

Ich schaue derweil mal, wie weit der fernmündliche Backkurs meiner Herde gediehen ist und klinke mich mit klugen Ratschlägen wieder in die Diskussion ein…

Das Backhaus von Busch ergänzt das bestehende Sortiment des Herstellers zum Thema „Landleben" und „Bauernhof" hervorragend. Ein paar passende Preiser-Figuren ergänzen die Detaillierung.

Der Altbauer stattet dem mittlerweile leicht windschiefen Klohäuschen einen Besuch ab, allerdings nur um nachzuschauen, was für Getier sich in ihm tummelt. Es raschelt doch verdächtig.

Busch-Bauerngarten

Biofrische anno dazumal

Gehen Sie heute einmal durch die Obst- und Gemüseabteilung eines Supermarktes. Das Wort „Bio“ findet sich überall, egal wo ihr Blick auch hin schweift. Es verfolgt sie beinahe. Das, was uns da heute als „Wunder“ verkauft wird, mag dem Menschen vergangener Jahrzehnte ein ungläubiges Kopfschütteln abgerungen haben, insbesondere, wenn er auch noch aus einer ländlichen Region stammt.

„Bio“ und „frisch“ waren seine selbst angebauten Produkte doch ehedem! Jeder oder zumindest fast jeder hatte seinen eigenen Garten, in dem ein Großteil des für den täglichen Bedarf der Familie benötigten Essens wuchs und nach Bedarf geerntet wurde.

Und so hatte auch jede Bauernfamilie ihren eigenen Garten, wobei der natürlich jetzt naheliegende Begriff „Bauerngarten“ nicht beschreibt, was man gerade unter diesem Typ Garten im Allgemeinen versteht, nämlich die Kombination aus Nutz-, Zier- und Heilpflanzen, Pflanzen, die eine Symbiose ein-

gehen und sich gegenseitig nützen. Völlig ökologisch, ohne Spritzmittel zur Schädlingsbekämpfung und ohne Kunstdünger, aber mit dem Wissen, welche Pflanzen zueinander passen und Sorten, die altbewährt sind, vielleicht nicht so hohe Erträge erzielen, dafür aber resistent gegen Schädlinge sind.
Da darf ein typischer Bauerngarten auch im Modell in der Nähe eines Bauernhofes nicht fehlen mit all seinen Details. Die Fa. Busch bietet z.B. ein Komplett-Set (Art. Nr. 1254) zu diesem Thema an. Hier findet sich alles, was zur Gestaltung eines solchen Gartens nötig ist, inklusive diverser Ausschmückungsteile vom Klohäuschen über eine Wasserstelle, eine Bank bis hin zu Werkzeugen. Sogar einiges „Getier" liegt dem Bausatz bei.
Zunächst muss der Garten, sprich seine Grundfläche, den örtlichen Gegebenheiten angepasst werden. Ich hatte doch bei meiner Planung leicht unterschätzt, wie viel Platz benötigt wird, effektiv aber nicht vorhanden war. Deshalb muss die Grundplatte entsprechend eingekürzt werden. Bei dieser Überlegung spielen der Zaun und der Steinbelag der Wege, eine bedruckte Kartonplatte, eine entscheidende Rolle.
Die Bodenplatte wird so zugeschnitten, dass die Zaunfelder bündig mit den Kanten abschließen, ohne dass die Symmetrie verlorengeht. Auch die Tür zum Garten muss bedacht werden. Die Pfosten habe ich dann stumpf mit einem Alleskleber auf die Grundplatte geklebt.
Durch die Verkleinerung der Grundfläche passt das vorgeschnittene Wegesystem des Bausatzes nicht mehr. Ausgehend von der Tür werden die überflüssigen Wegstreifen mit einem scharfen Messer abgetrennt. Verkleben kann man den Karton recht gut mit einem Holzleim (hier Modellbau-Kleber von Busch).
Die niedrigen Beeteinfassungen, mir fiele da z.B. Buxbaum ein, müssen ebenfalls den neuen Gegebenheiten angepasst werden. Sie werden ebenfalls mit dem Modellbau-Kleber befestigt.
Durch eine Unachtsamkeit geriet mir ein wenig des Klebstoffs auf den Steinbelag. Nach dem Abwischen und Trocknen war genau diese Stelle deutlich matter, was mich dazu veranlasste, den gesamten Plattenbelag mit kleinen Mengen des Leims flächig zu streichen. Manchmal liefert der Zufall interessante Ergebnisse!

Verschiedene Bauerngärten im Freilichtmuseum Lindlar. Sie weisen z.T. schon eine beachtliche Größe auf, kaum verwunderlich, sollte sich eine Familie daraus in früheren Zeiten selbst versorgen. Recht interessant ist die Einfriedung der Gärten, die von einer Buchenhecke über Flechtzäune bis hin zu Lattenzäunen reicht. Der Anbau kaum noch bekannter Pflanzen(-sorten) ist hier ein Ziel der Präsentation.

Die Fa. Busch bietet unter der Art. Nr. 1254 ein Gestaltungs-Set „Bauerngarten" an, das alle benötigten Teile vom Zaun über Nutz- und Zierpflanzen bis hin zu diversen Ausschmückungsteilen beinhaltet. I Unter Zuhilfenahme der bereits neu lackierten Zaunelemente wird die Größe des Gartens festgelegt. Auch der Wegebelag wird in die Planung einbezogen.

Die Grundplatte wird mit einem scharfen Messer so zugeschnitten, dass die Zaunelemente bündig mit den Kanten abschließen. Die Pfosten werden mit einem Alleskleber auf der Grundplatte fixiert. I Die vorgeschnittene Gehwegplatte aus Karton muss allerdings den neuen Gegebenheiten angepasst werden. Hierbei ist die Tür der Ausgangspunkt der Überlegung. Geklebt wird mit einem Holzleim (hier Modellbau-Kleber von Busch).

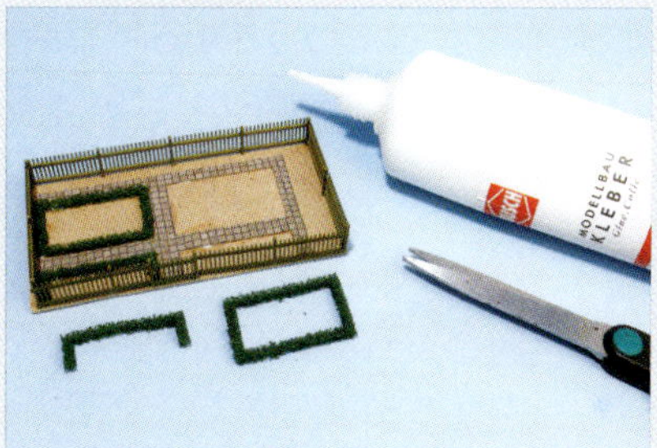

Auch die Beeteinfassungen, die exakt in die Öffnungen der Gehwegplatte passen, müssen teilweise angepasst werden. Sie werden ebenfalls mit dem Modellbau-Kleber fixiert. I Eher zufällig stellte sich heraus, dass dieser Klebstoff die etwas glänzende Gehwegplatte mattiert. Deshalb wird sie mit wenig Klebstoff flächig bestrichen.

Ein wenig Farbe für Blüten und Sockel wird mit einem feinen Pinsel mit geformter Spitze und einer ruhigen Hand aufgetragen. | Die Blätter der einzelnen Pflanzen werden bereits im Rahmen mit einer spitzen Pinzette dreidimensional gebogen. | Die Blütenansätze werden mit Sekundenkleber in die kreisrunden Öffnungen der Blütenblätter geklebt. Da passgenau, bleiben die Pflanzen auch problemlos stecken und brauchen nicht gehalten zu werden.

Wie hier bei dem Klatschmohn werden mehrere Pflanzenteile in der Öffnung der Sockelplatte mit Sekundenkleber befestigt. | U.U. kann es Sinn machen, die Grundplatte für Blumen in kleinere Teilstücke zu schneiden, wie hier bei den Margeriten geschehen. | Verzichtet man auf eine Grundplatte, können die Pflanzen, wie hier bei den Sonnenblumen und Dahlien, direkt in einem Loch in der Grundplatte des Gartens verklebt werden. Die Löcher müssen mit einem Handbohrer und den passenden Bohrern gesetzt werden.

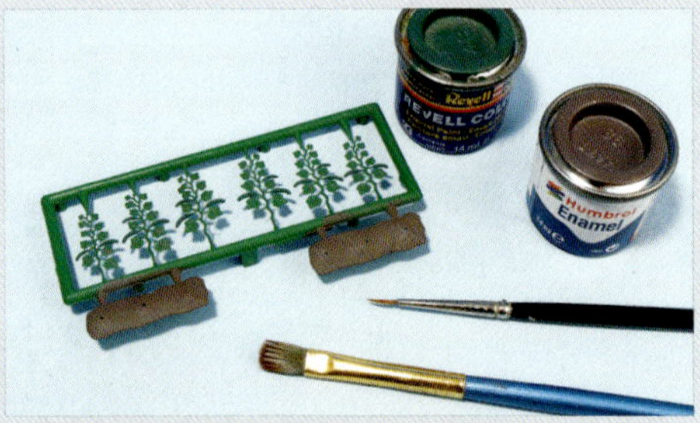

Sind alle Pflanzen platziert, wird der Bereich zwischen Zaun und Wegen mit feinem braunen Sand, Gartenerde und feinen Flocken als „Unkraut"-Imitat gestaltet. Zum Kleben dient das bekannte Holzleimgemisch, das mit einer Spritze vorsichtig verteilt wird. | An den Gurkenpflanzen werden die einzelnen Gurken mit einem dunklen Grünton abgesetzt. Die Bodenplatte wird wieder braun gestrichen. Das Blattwerk erhält ein wenig Patina mit einer Farbbrühe. | Auch bei den Nutzpflanzen müssen die Blätter in die gewünschte Position gebogen werden.

Dann können auch sie auf die zugehörige Grundplatte geklebt werden. | Die Stielenden der Tomatenpflanzen werden mit den Tomatenrispen verklebt. Ein wenig „Fummelei", da immer einige Blätter im Weg sind… | Anstatt der dem Bausatz beiliegenden Rankspiralen werden hier für die Tomaten Pfosten aus Draht verwendet. Pflanzen und Pfosten werden mit Sekundenkleber in die Löcher der Bodenplatte geklebt.

Bevor es aber ans Bepflanzen der Beete geht, müssen die einzelnen Pflanzen zunächst zusammengesetzt, in eine dreidimensionale Form gebogen und ggf. teilweise lackiert werden. So sind z.B. die Blütenkörbe der Sonnenblumen oder Margeriten braun bzw. gelb einzufärben. Man benutzt für diese Arbeit am besten einen feinen Pinsel mit geformter Spitze. Die Farbe sollte auch nicht zu üppig aufgetragen werden, da die Kränze der Blütenblätter sonst nicht mehr gut auf die Körbe passen. Benötigte Sockel sollte man braun lackieren, damit sie später nicht durch das Streugut im Beet zu erkennen sind.

Die produktionsbedingt zweidimensionale Form der Pflanzen muss unbedingt in eine dreidimensionale überführt werden, indem die Blätter und ggf. auch die Stängel mit einer spitzen Pinzette in die gewünschte Position gebogen werden. Dies gelingt aber nur direkt im Gussrahmen, da man die winzigen Teile erst gar nicht mit den Fingern halten kann, um ihre Form zu verändern.

Die Montage der bunten Blütenkränze mit der Pflanze erfolgt durch Einstecken des Blütenansatzes der Pflanze in die Öffnung des Kranzes. Die umgekehrte Vorgehensweise ist kaum gangbar, da sich die Blütenkränze zu rasch auf nimmer Wiedersehen verabschieden. Ein kleiner Tropfen Sekundenkleber mit einem Zahnstocher von unten gegen den Blütenkranz aufgetragen verbindet beide Teile dann dauerhaft. Die dünnen Stege zwischen Rahmen und Blüte können dann später mit einem Kunststoffseitenschneider durchtrennt werden.

Je nach Einbausituation werden die fertigen Pflanzen(-Teile) auf den der jeweiligen Pflanzenart beiliegenden Sockel montiert. Allerdings kann es auch manchmal sinnvoll sein, die Sockel in kleinere Stü-

Der Bauerngarten in unmittelbarer Nähe eines Hofes. Hier gibt es immer was zu tun. Ständig wächst das Kraut, das gejätet werden muss. Freie Flächen werden wieder neu bepflanzt. Die Blumen müssen gegossen werden.

Die Ausschmückungsteile werden mit Emailfarben neu gestrichen und mit Lasuren und hellgrauer Farbe von Vallejo gealtert bzw. graniert. Ein Aufwand, der lohnt.

Vor dem Zusammenbau werden die Teilstücke der Gemüsepflanzen noch im Rahmen leicht mit „Schmutzfarbe" überzogen. Auch das ein oder andere welke Blatt macht sich ganz gut.

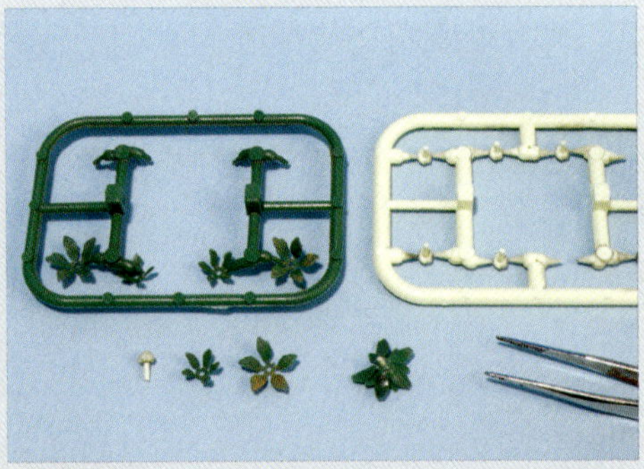

Hier am Beispiel des Blumenkohls kann man den Aufbau der Pflanze gut erkennen. Die Blattringe werden auf den Stift aufgedrückt und dann mit ein klein wenig Sekundenkleber von unten fixiert.

Bei den Zucchini-Pflanzen sind zunächst die Früchte einzufärben, ehe dann die Stielenden an die Blüten geklebt werden. Rechts in der Zwinge eine fertige Pflanze.

Die Beete werden nacheinander gestaltet. Zunächst erfolgt der Belag aus Sand, Erde und feinen Flocken. Dieser wird satt mit dem Holzleimgemisch durchfeuchtet. Die Gemüse- und Salatpflanzen werden mit einer Pinzette in das nasse Erdreich gedrückt.

cke zu schneiden, so dass nur noch wenige Blumen einer Art dicht nebeneinanderstehen. Für die Einzelpflanzung z.B. der Sonnenblumen und Dahlien in meinem Bauerngarten werden mit einem Handbohrer die benötigten Löcher in die Grundplatte gebohrt. Die verwendeten Bohrer entsprechen dabei exakt der Stärke der Stängel, damit die Blumen nicht kippen können, ehe der Sekundenkleber abgebunden hat.

Bei den Gemüsepflanzen sind, so sich Blüten oder Früchte direkt an den Pflanzen befinden, kleinere Lackierarbeiten mit dem feinen Pinsel erforderlich. Ggf. sind wie bei den Tomaten und Gurken die Blätter in eine dreidimensionale Form zu bringen oder auch die Pflanzen auf einem Sockel zu montieren.

Die verschiedenen Kohlsorten bestehen aus mehreren Blattringen, die auf den eigentlichen Kohlkopf, der mit einem Stift versehen ist, aufzufädeln sind. Die voluminösen Blätter der Pflanzen lassen sich recht gut mit einer stark verdünnten „Schmutzbrühe" vor dem Zusammenbau überstreichen. Das betont u.a. auch die fein detaillierten Blattadern. Außerdem wirkt hier und da ein welkes Blatt sehr realistisch.

Da man gerade schon einmal mit den Farben zu Gange ist, sollte man die Ausschmückungsteile ebenfalls lackieren, mit Verwitterungsspuren versehen und granieren.

Die Beete werden mit Deko-Sand (Heki), Gartenerde und feinen Flocken (hier von Noch) eingestreut und dann mit dem bekannten Holzleimgemisch durchnässt. Während dies bei den Blumenbeeten nachträglich geschieht, werden die Gemüsebeete zunächst mit dem Streugut ausgefüllt und mit Klebstoff versehen. In diesen feuchten Untergrund setzt man schließlich die Pflanzen mit einer Pinzette ein und drückt sie leicht an.

Jetzt fehlen nur noch die Figuren aus dem Preiser-Sortiment und fertig ist der Bauerngarten. Ich für meinen Teil habe nicht alle der zahlreichen Ausschmückungsteile verwendet. Einige davon sind auch im Umfeld des Gartens aufgestellt worden. Mit diesem Set ist der Fa. Busch eine sinnige Zusammenstellung gelungen und der interessierte Modellbauer braucht nicht unzählige Einzelpackungen zu erstehen, um ein solches Motiv darzustellen.

Gestalterische Alternative: Ein Garten in Hanglage

Der Mensch an sich ist ja eher bequem veranlagt, geht Schwierigkeiten und unangenehmen Situationen gerne aus dem Weg. Der Modellbahner im Speziellen tickt da wohl kaum anders, den Verfasser dieser Zeilen eingeschlossen.

Also versucht der Modellbahner und der Autor natürlich auch bei der Huldigung seines Hobbies ein größtmögliches Erfolgserlebnis bei kleinstmöglichem Einsatz zu erreichen! Klingt logisch!

Haben Sie schon einmal versucht einen Zaun in einem Hang zu montieren? So einen mit Pfosten und Latten oder quer verlaufenden Brettern? Das funktioniert i.d.R. nur im Eigenbau, da die von den Zubehörherstellern angebotenen Zäune sich partout nicht in die gewünschte Position bringen lassen. Pfosten und Latten stehen zum Donnerwetter nicht mehr senkrecht!

Was macht der bequeme Modellbahner jetzt? Er baut seinen Zaun irgendwo auf, wo das Gelände eben ist! Der Weg des geringsten Widerstands. Dabei sähe der Zaun gleich nebenan im Hang deutlich besser aus, wäre vermutlich auch sinniger angeordnet! Doch komplett selbst bauen! Diese „Fummelei“!

Genau dieses Problem stellte sich mir bei der Gestaltung eines Gartens in einem leicht hügeligen Gelände! Eigentlich war der Platz schon ausgesucht, in einem ebenen Stück des Dioramas, weil Lust einen Lattenzaun, der den Garten umgeben sollte, komplett selbst zu bauen, stellte sich nicht so recht ein.

Da kommt es doch manchmal gelegen, wenn man zum Frustabbau oder auch zum Zeitvertreib mal wieder einen Katalog der einschlägig bekannten Zubehörhersteller zur Hand nimmt. Zufällig war es diesmal das Exemplar der Fa. Busch, das mir zuerst in die Hände fiel. Und siehe da! Schrägzaun stand da zu lesen!? Och, war der erste Gedanke, den könnte ich glatt brauchen! Grins!

Schleunigst habe ich mir dann eine Packung besorgt, allerdings nicht ohne an den „normalen“, für

Der fertige Garten auf einem Diorama. Mit Hilfe des Schrägzauns von Busch war es nicht besonders kompliziert, einen Zaun in einen Hang zu bauen.

Die Idee zu einem Garten in Hanglage entstand durch den von der Fa. Busch angebotenen Schrägzaun. | Die Stege werden nun ganz vorsichtig gegenläufig verschoben und so dem Geländeverlauf angepasst. Die hintere Zaunreihe ist bereits so gebogen, dass die Zaunlatten senkrecht stehen. Vorne sieht man das noch unbearbeitete Modell.

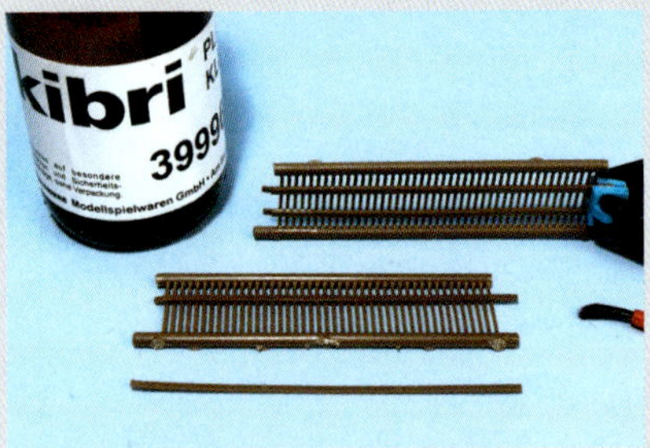

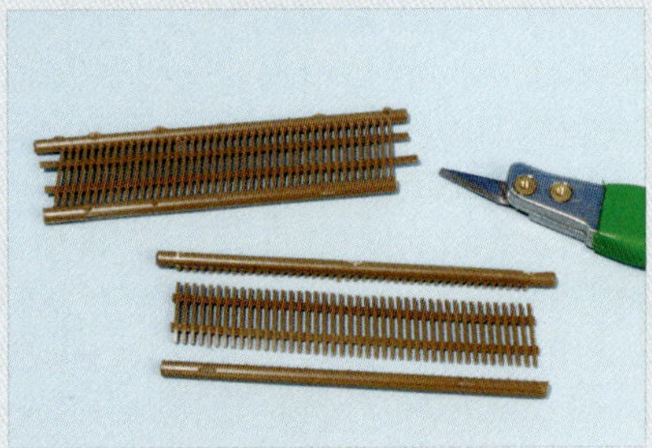

Die quer verlaufenden Träger werden nun mit wenig Klebstoff entlang der werkseitig markierten Stellen rückseitig aufgeklebt. | Nun können die Stege mit einem scharfen Bastelmesser abgetrennt werden.

Jetzt fehlen nur noch die Pfosten, die zunächst an den Ecken aufgeklebt werden. Die Pfosten in der Mitte werden symmetrisch ausgerichtet. Die Lattung gibt die Neigung der Pfosten vor. | Während der Schrägzaun erst nach dem Zusammenbau lackiert werden sollte, kann der passende Lattenzaun von Busch bereits im Rahmen lackiert werden.

An der vorgesehenen Stelle wird der Verlauf des Zauns mit einem Bleistift markiert. Für Rechtwinkligkeit sorgt ein altes Geodreieck. Zunächst werden nur zwei angrenzende Strecken markiert. | Die benötigten Löcher für die Pfosten werden mit einer kleinen Bohrmaschine gesetzt. Da der Untergrund hier aus Gips besteht, sollte ein Staubsauger bereitliegen.

das waagerecht verlaufende Gelände erhältlichen Lattenzaun, zu denken. Beide Zäune ergänzen sich nämlich!

Eine ausführliche Anleitung liegt der Packung Schrägzaun bei, so dass man nicht wie ein Ochs vor dem Berg steht. Zunächst werden die Latten samt Stegen aus dem Rahmen getrennt und an den Ort der späteren Montage verfrachtet. Hier werden die beiden Stege nun gegenläufig verschoben, bis die Latten senkrecht stehen. Man sollte schon vorsichtig zu Werke gehen. Die Latten sind natürlich recht dünn. Hat man beide Zaunteile, die später dem Hangverlauf folgen, zurechtgebogen, können die Träger von hinten auf die Markierungen entlang der Lattung geklebt werden. Man sollte aufgrund des dünnen Materials den Klebstoff sparsam einsetzen. Jetzt kann man die überstehenden Träger und die Stege mit einem scharfen Bastelmesser durchtrennen.

Nun kann man die Eckpfosten aufkleben. Weitere Pfosten versucht man möglichst symmetrisch zu verteilen, am besten durch Abzählen der Latten. Im nächsten Schritt steht das Lackieren sämtlicher benötigter Zaunelemente an. Der „normale" Lattenzaun wird bereits im Rahmen lackiert und nach Wunsch auch gealtert und graniert.

An der vorgesehenen Stelle werden jetzt zwei rechtwinklige Hilfslinien mit einem Geodreieck gezogen, die eine Ecke des Zauns markieren. Von hier aus beginnt der Aufbau des Zauns. Da die Pfosten des Zauns in den Untergrund eingelassen werden, bohrt man mit einer Miniaturbohrmaschine die benötigten Löcher vor. Hier bei meinem Diorama besteht der Untergrund aus einer Dämmstoffplatte und einer dünnen Schicht Gips. Wegen des Gipses sollte auf jeden Fall ein Staubsauger bereitstehen, der den feinen weißen Gipsstaub sofort aufsaugt. Zum Kleben habe ich einen Alleskleber benutzt.

Der Zaun wird so Seite für Seite aufgebaut. Zu beachten ist unbedingt, dass eine Zaunseite keine Eckposten hat und die Träger lediglich an die Pfosten der angrenzenden Zaunstücke geklebt wird. Der Zaun samt Tor steht! Jetzt kann endlich der Garten gestaltet werden.

Meinen überwiegend für Nutzpflanzen gestalteten Garten möchte ich mit Produkten aus dem Hause Busch bestücken. Dabei muss ich bei der Anlage des Untergrunds berücksichtigen, dass manche der

Zum Verkleben der Pfostenenden mit dem Untergrund wird ein Alleskleber benutzt. Der Klebstoff wird mittels eines Zahnstochers in die Bohrlöcher gestrichen. **I** Nachdem die restlichen Zaunelemente entsprechend der Größe der Zaunfelder angepasst worden sind, legt man mit Holzschwellen die Wege innerhalb des Gartens fest. Natürlich müssen diverse Schwellen zugeschnitten werden. Die Holzschwellen werden gebeizt und dann mit Holzleim aufgeklebt. Der Zuschnitt der Schwellen erfolgt ganz einfach mit einem Seitenschneider. So ganz genau muss das hier nicht sein… Die Wege können nun „trocken" mit feinem Sand eingestreut werden. Ein alter Eierlöffel leistet hierbei gute Dienste. **I** Nachdem der Sand mit dem bekannten Leimgemisch durchtränkt worden ist, streut man noch kleine Mengen gesiebter Gartenerde und feine Flocken auf.

Bausätze auch Sockelplatten haben, die es natürlich zu kaschieren gilt. Also braucht die „Erdschicht" eine gewisse Dicke!

Zur Abgrenzung zwischen den Wegen und den Beeten habe ich Holzschwellen vorgesehen, die vorab gebeizt, zum Teil eingekürzt und dann gekippt (also hohe Kante nach oben) mit Holzleim aufgeklebt werden. Die Wege werden mit feinem Sand/Schotter aus eigener Herstellung eingestreut. Der Belag sollte mit einem kleinen Holzprofil abgezogen werden, ehe man ihn mit dem bekannten Holzleim-Wasser-Spülmittelgemisch satt durchnässt. Ein wenig Gartenerde und feine Flocken (hier von Noch) lockern das triste Grau ein wenig auf.

Wie gepflanzt wird, ist im ersten Teil dieses Artikels ausführlich beschrieben und bedarf keiner weiteren Erklärungen.

Fertig ist mein Garten in Hanglage! Zum Glück ist der Hang nicht zu steil ausgefallen, sonst kämen meine Kürbisse schlussendlich noch ins Rollen…

Der Garten gehört zu einem Bauernhof und liegt idyllisch direkt an einem Bach. Die Bauersfrau rückt mit einer Hacke dem sprießenden Unkraut im Kartoffelbeet zu Leibe, während der Bauer eine Pause macht und sich eine Pfeife gönnt.

Landmaschinenwerkstatt

Ja, was hat er denn, der Kleine?

Das Modell der Landmaschinenwerkstatt macht sich ausgesprochen gut. Traktoren, Gerät und Figuren im Außenbereich ergänzen das Motiv.

Von Faller gibt es die „Landmaschinenwerkstatt" mit der Art.-Nr. 130579. Das Bild auf der Umverpackung macht schon Lust auf den Bausatz, gerade wenn man eine gewisse Affinität zum Landleben im Allgemeinen und zum Landleben im Modell im Speziellen hat. Und ein solches Gebäude passt auch hervorragend in den Zusammenhang dieser Publikation!

Also schauen wir mal, was der Bausatz so zu bieten hat. Gleich beim Öffnen der Verpackung fallen die vielen Teile auf. Erst mit der Betrachtung der Bauanleitung stellt sich heraus, dass Teile für dieses Modell gar keine Verwendung finden. Dies lässt sich durchaus plausibel erklären. Die Formkosten für die Plastikmodelle sind nicht unerheblich und bei heutigen Absatzzahlen nicht ganz so einfach wieder zu erwirtschaften. So finden sich also die Teile aus einem Rahmen auch in anderen Bausätzen wieder.

Für uns Modellbahner ist das nicht weiter tragisch, da die Materialkosten hier nicht wirklich ins Gewicht fallen. Lediglich beim Lackieren der Bauteile kann man sich manch Pinselstrich sparen, schaut man vorab mal quer durch die Bauanleitung!
Dass Teile auch anderorts benutzt werden, fällt an der Bodenplatte sofort auf. Hier befinden sich einige Angüsse, die nicht benötigt werden. Stört aber nicht weiter. Stören tut aber das „Loch“ in der Bodenplatte, was bei einer angedachten Inneneinrichtung samt Beleuchtung möglicherweise sichtbar ist. Man verschließt es mit einem Stück Kunststoffplatte, spachtelt die Nahstellen z.B. mit Revell-Plasto bei und schleift nach dem Trocknen der Masse die Oberfläche nach.

Erste Bauschritte

Das farbliche Grundieren der Bauteile noch im Rahmen ist selbstredend. Mich störten aber die weißen Fenster so sehr, dass ich sie mit dem Humbrol-Farbton „Gun-Metal“ gestrichen habe. Woher der Name genau kommt, ist mir als altem Western-Fan allerdings nicht bekannt…
Das Ziegelmauerwerk wird nach der Grundlackierung mit Revell Nr. 83 in zwei weiteren Schritten weiter verfeinert. Zunächst legt man die Fugen mit einer Farbbrühe aus. Ich habe hier des schnelleren Fortschritts wegen auf wasserlösliche Farben von Vallejo zurückgegriffen. Die Oberflächen der Ziegelsteine sollten noch mit Aquarellstiften bemalt werden. Die Stifte sollten immer gut nachgespitzt werden.
Gemäß der Bauanleitung werden die Wände nun mit sämtlichen Teilen bestückt, die jetzt schon zu montieren sind, und dann auf die Bodenplatte geklebt.
Netterweise hat Faller bei diesem Bausatz eine passende Papiermaske beigelegt, die man nun mit einem Alleskleber von innen gegen die Außenwände klebt. Das Papier ist grau marmoriert und hat sehr viel Ähnlichkeit mit einer Putzstruktur. Zudem schließt die Maske hervorragend an Türen und Fenstern ab! Vorbildlich!
Das Ständerwerk für den weit ausladenden Dachüberstand an dem Zufahrtstor sollte besser vorab zusammengesetzt werden. Das ist zwar etwas „Fummelei“ bzgl. der Ausrichtung, aber für das Lackieren und vor allem für die Montage an der Ge-

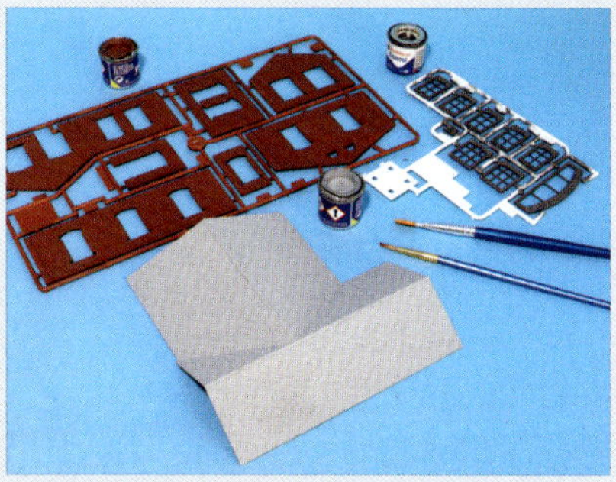

Mit einem Stück Kunststoff wird das „Loch“ in der Bodenplatte geschlossen, dann mit einer Nitro-Spachtelmasse überzogen und anschließend geschliffen. I Die obligatorische Grundfärbung der meisten Bauteile erfolgt bereits in den Rahmen.

Zum Auslegen der Fugen wird ein Gemisch aus Farben von Vallejo hergestellt, das noch weiter mit Wasser verdünnt wird. I Wie bekannt, kann man die Oberflächen der Ziegelsteine mit Aquarellstiften anmalen. Die Stifte sollten dabei immer gut angespitzt sein.

Die Montage der fertig vorbereiteten Wände erfolgt gemäß Bauanleitung mit Plastikkleber. I Dem Bausatz liegen Innenwände aus Papier bei, die mit einem Alleskleber befestigt werden. Einer Innenbeleuchtung steht jetzt nichts mehr im Weg.

Das Ständerwerk für den Dachüberstand am Tor wird vorab montiert und lackiert. I Da Pfosten und Balken nur stumpf an Mauerwerk und Bodenplatte stoßen, empfiehlt sich eine Verklebung mit einem Alleskleber.

In bekannter Manier werden die Dächer von Hauptgebäude und Anbau mit Lasuren von Vallejo gealtert und mit einer Volltonfarbe graniert.

Zur Beleuchtung der Halle werden drei LEDs von Faller verwendet. Sie werden auf zuvor montierte Kunststoffstreifen geklebt.

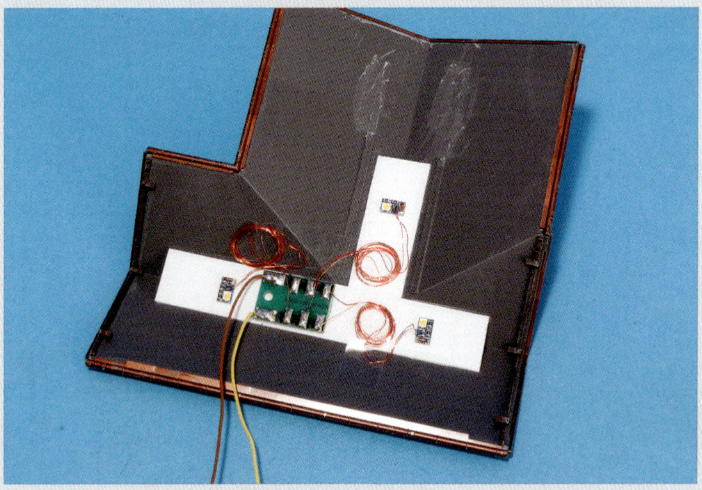

Ein Stück Verteilerplatte dient zum Sammeln der Kabel, so dass lediglich zwei Leitungen das Gebäude verlassen.

■ Einbau einer Beleuchtung

Als Kabelschächte werden zwei Lutscherstiele benutzt, die exakt in zwei vorhandene Löcher der Bodenplatte passen. Ein Distanzstück aus Holz sorgt für einen parallelen Abstand zur Wand.

bäudewand und der Bodenplatte am besten, da man die Pfosten bzw. die Balken nur stumpf ansetzen kann. Deshalb habe ich auch hierfür einen Alleskleber benutzt.

Der seitliche offene Anbau der Werkstatt wird ebenso vorab zusammengesetzt. Dann können die Dächer mit Lasuren von Vallejo gealtert und mit dem Vollfarbton „Silver Grey“ graniert werden.

Wie schon oben angedeutet, bietet sich eine Inneneinrichtung samt Beleuchtung an. Grund hierfür sind zum einen die vielen Fenster und das große Tor, aber auch die gerade eben erwähnten Innenwände aus Papier.

■ Einbau einer Beleuchtung

Heutzutage benutzt man LEDs für die Beleuchtung, deren Platinen, wie hier bei den Faller-LEDs sogar mit einem Klebestreifen versehen sind. Schutzfolie abziehen und „aufpappen“. Allerdings wollte ich die Leuchtmittel nicht schräg gegen die

Endlich Feierabend. Die Schlosser und Monteure machen sich auf den Heimweg.

Die Werkstatt bei eingeschalteter Beleuchtung. Wie man sieht, sorgen die drei LEDs für eine optimale Lichtverteilung.

Für die Inneneinrichtung werden Teile aus dem Bausatz „Ladegüter“ von Faller benutzt. Sie sind vorab lackiert worden. I Hier einige Anregungen für die weitere Ausgestaltung des Motivs drinnen und draußen. Reifen und Kleinteile aus der Restekiste, Traktoren und landwirtschaftliche Geräte und natürlich diverse Figuren von Preiser aus unterschiedlichen Sets.

Vor der Montage des Dachs noch ein Blick in die Werkstatt. Hier ist zur Erntezeit mächtig Betrieb und gearbeitet wird teilweise bis in die Nacht.

Im Bereich der Türen werden Stücke aus dem Gehwegplatten-Set von Faller verlegt. Dabei muss nicht zwangsläufig ein Rechteck entstehen. Es scheinen nicht genug Platten vorhanden gewesen zu sein… I Texturen von Vallejo werden dünn mit einem Spachtel aufgetragen. Diese pastöse Masse imitiert den Asphaltbelag.

Nach dem Trocknen wird die Oberfläche angeschliffen. I Feine Flocken, mit dem bekannten Leimgemisch fixiert, sorgen für Bewuchs an Mauersockeln, aber auch im Asphalt.

Dachteile kleben, so dass ich schmale weiße Kunststoffstreifen von innen in die Dachspitzen geklebt habe. Darauf werden die LEDs befestigt und ein Stück Verteilerplatte (Viessmann), um die Kabel zu sammeln, damit nur noch zwei Leitungen das Gebäude verlassen.

Als Kabelschächte innerhalb des Gebäudes dienen zwei Lutscherstiele, die exakt in zwei Löcher in der Bodenplatte passen. Ein kleines Kantholz sorgt für eine Auflagefläche und lässt die Schächte exakt parallel zur Wand verlaufen. Grau lackiert wirkt das Ganze völlig unauffällig und könnte genauso gut zur Ausstattung der Halle gehören.

Innenraumgestaltung

Material zur Ausgestaltung der Halle findet sich z.B. in dem Faller-Bausatz „Ladegüter“, in der Restekiste u.a. Reifen und Felgen von Kibri-Bausätzen und natürlich das landwirtschaftliche Gerät der bekannten Hersteller.

Apropos Gerät! Vom Baustil passt das Gebäude gut in die Epochen drei und vier. Dort sollte man es auch belassen und keine hochmodernen Traktoren, Hänger oder Erntegeräte benutzen. Keines dieser Geräte würde wirklich in die Halle passen!

Ach ja. Die Figuren stammen aus mehreren Sets der Fa. Preiser und nennen sich nicht nur Monteure…

Das Umfeld der Werkstatt wird im Bereich der Türen mit Betonplatten aus dem Faller Gehwegplatten-Set sowie mit Texturen von Vallejo für den Asphaltbelag gestaltet. Die Gehwegplatten müssen nicht unbedingt zu Rechtecken verlegt werden. An den Rändern des Plattenbelags ist offensichtlich „gestückelt“ worden. Vermutlich waren nicht genug Betonplatten vorhanden...

Die Spachtelmasse wird aus zwei Texturen von Vallejo gemischt. Da die Masse wirklich nur dünn auf dem ebenen Untergrund ausgestrichen wird, gelingt ein gleichmäßiger Auftrag mit etwas Übung sehr gut. Mögliche kleinere Unebenheiten lassen sich später mit feinem Schleifpapier glätten.

Ein paar feine grüne Flocken an den Mauersockeln, aber auch unregelmäßig und in kleinen Mengen auf dem Asphalt verteilt, sorgen für ein wenig zartes Grün, dass sich im Hintergrund natürlich in bekannter Vorgehensweise mit Vliesen und Matten fortsetzt.

Rund um die Werkstatt oder innerhalb des Unterstands abgestellte Schlepper und Geräte machen sich sehr gut.

Franz und Jupp haben die alte Lanz-Dreschmaschine in stundenlanger Arbeit restauriert. Das ist der lokalen Presse einen Fototermin wert, den die beiden offensichtlich genießen. Ehre, wem Ehre gebührt.

Feldweg am Bahnübergang

Reifen platt!

Nachmittags, nach erledigten Hausaufgaben, trafen wir Jungs aus der Nachbarschaft uns mit unseren Rennrädern, um in unserem Revier in die am Ortsrand liegenden Wiesen und Felder aufzubrechen. Die Rennräder mit ihrer schmalen Bereifung waren unser aller Stolz.

Nur entsprach die „Piste", sprich die Feldwege, nicht den Ansprüchen dieser Bereifung und so folgte das, was unvermeidlich war. Man rutschte auf dem staubigen Untergrund weg, womöglich weil man mal wieder einen dieser blöden Steine erwischt hatte, schlug sich Ellbogen und/oder Knie auf, aber das schlimmste war, dass man sich einen Reifen kaputtfuhr. Was ein Drama!

Ja, die Feldwege haben ein nachhaltiges, bis heute reichendes Trauma hinterlassen und so entschloss ich mich beim Bau eines Dioramas in ländlicher Umgebung, gerade diesen Feldwegen besondere Aufmerksamkeit zu widmen und sie mit all den „Schikanen" zu versehen, die mir aus meiner Kindheit in Erinnerung geblieben sind!

Natürlich gab es auch einen Bahnübergang, der zumindest bewusst kein Trauma hinterlassen hat, aber die Erinnerung an den roten Schienenbus, der knatternd durch die Stille der „Prärie" fuhr….

Das ländliche Diorama ist von Kornfeldern geprägt, durch die sich auf einem kleinen Bahndamm eine Nebenbahnstrecke ihren Weg bahnt. Mehrmals am Tag durchbricht das Geräusch des besagten Schienenbusses die Stille, in der sonst nur die Lerchen zu hören sind. Eine hölzerne Feldscheune ist schon gut mit Strohballen gefüllt. Es ist halt

Hochsommer und die Bauern müssen das reife Korn dreschen und das Stroh für die Einstreu in den Stallungen zwischenlagern. Ein Feldweg verläuft parallel zur Strecke vor den Getreidefeldern. In Höhe der Feldscheune zweigt er aber zusätzlich ab und quert die Bahnlinie.

Der Bahnübergang ist hier wegen seiner Lage und des geringen Verkehrsaufkommens auf der Schiene nicht besonders gesichert. Es gibt keine Schranken, lediglich die beiden Andreaskreuze weisen auf die Zugstrecke hin. Befestigt ist der Bereich zwischen und neben den Schienen mit einfachen Holzbohlen, deren Ränder noch nicht einmal gleich lang sind.

Einen solchen Bahnübergang gibt es z.B. von Model Scene. Er ist lasergeschnitten und bereits vorab koloriert. Mir persönlich erscheinen die gewählten Farbtöne ein wenig zu „kalt“ und so entschloss ich mich, die Farbgebung mit Emailfarben meinem Geschmack anzupassen. Nachdem die Bohlen zunächst mit Humbrol Nr. 98 grundlackiert wurden, wird der befahrene Bereich mit wenig Braun und Ocker lediglich betupft. Es soll kein einheitliches Farbbild entstehen. Fugen und Holzmaserung lassen sich anschließend mit einer stark verdünnten Farbbrühe betonen, während der Farbton „Silver Grey“ von Vallejo die Lichtspitzen setzt.

Der Bahndamm ist fertig gestaltet, der Feldweg aus dünnen Dämmstoffplatten angelegt und mit Gipsputz an den Rändern modelliert und das Gelände ist dunkelbraun gestrichen. Jetzt folgt das Gleis, dessen Schwellen und Schienenprofile mit gemischten Abtönfarben bzw. mit einer Emailfarbe (hier Revell Nr. 83) lackiert werden.

Der Bereich zwischen den Profilen wird bis auf die Breite des Bahnübergangs mit „normalem“ Schotter (hier selbst ausgesiebter Steinbruch) geschottert. Auf dem Bahnübergang werden die Zwischenräume allerdings mit feinem Sand/Steinbruch verfüllt, max. bis zur Oberkante der Schwellen, da sonst die Bohlen nicht mehr aufliegen.

Während die Bohlen zwischen den Schienen plan auf die Schwellen geklebt werden können, verhindern die Kleineisenteile außen an den Schwellen einen bündigen Abschluss der äußeren Bohlen mit den Profilen. Abhilfe schafft hier ein schmaler 1 mm starker Kunststoffstreifen, der das Malheur beseitigt. Geklebt wird hier am besten mit einem Alleskleber, der die unterschiedlichen Materialien

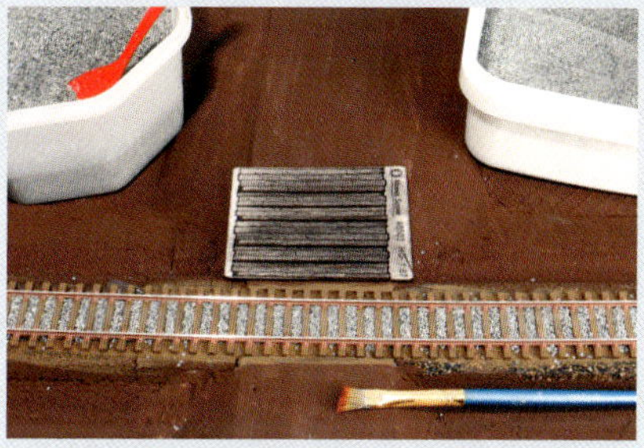

Basis für den Bahnübergang an einem Feldweg ist der Bausatz „Hölzerner Bahnübergang“ von Model Scene. Die aus echtem Holz lasergeschnittenen Teile sind werkseitig koloriert. | Die Gleise samt Korkgleisbettung sind verlegt, die Schienenprofile werden mit einer Emailfarbe (hier Revell Nr. 83) gestrichen. Das vorbereitete Gelände wird mit einer Abtönfarbe grundiert. Die Gleiszwischenräume werden eingeschottert.

Eine individuelle Farbgebung betont mehr die Brauntöne der Holzbohlen. Dabei werden die helleren Farbtöne in kleinen Mengen insbesondere im direkten Fahrbereich aufgetupft. | Zum Verwittern wird eine Farbbrühe aus stark verdünnten Emailfarben benutzt, während die Lichtspitzen mit dem Farbton „Silver Grey“ von Vallejo erzeugt werden.

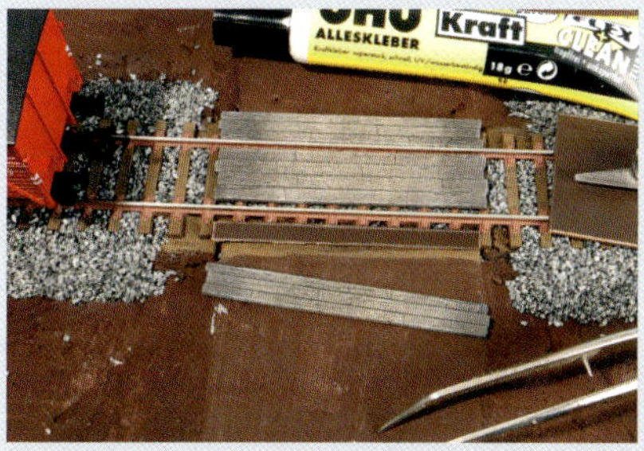

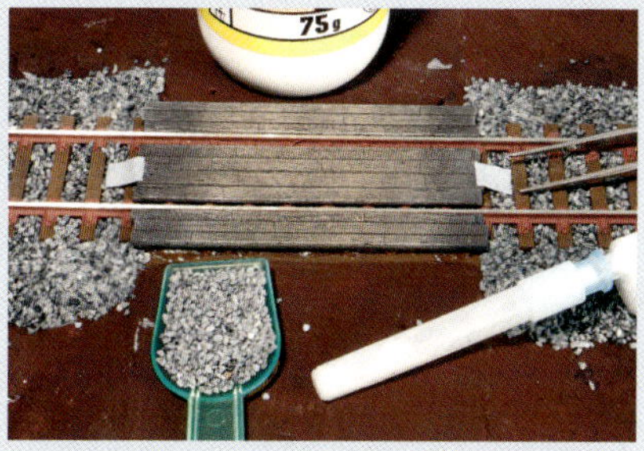

Die Holzbohlen werden mit einem Alleskleber fixiert. An den Seiten wird jeweils ein dünner Streifen Kunststoff untergelegt, um die Bohlen über die Kleineisen bewegen zu können. | Die Ränder können nun geschottert werden. Zum Schutz der Bohlen im Gleisbereich werden an den Übergängen „Blechstreifen“ in Form von gefärbtem Papier mit Holzleim aufgeklebt.

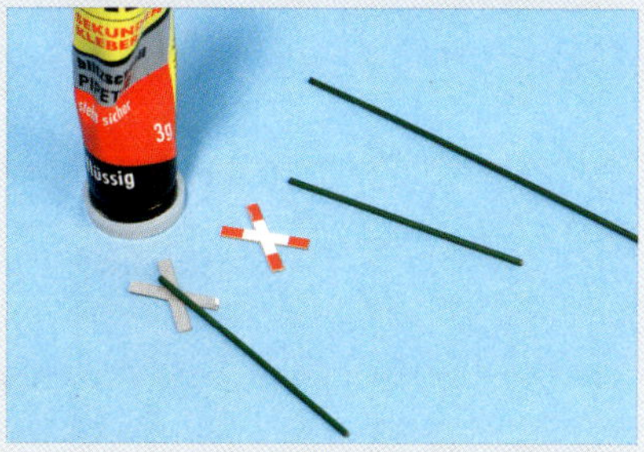

Die lasergeschnittenen Andreaskreuze stammen von Noch. Auf der Rückseite werden sie mit einer mittelgrauen Emailfarbe lackiert. | Die dem Bausatz beiliegenden Pfosten aus Kunststoff werden durch solche aus 1 mm starkem Blumensteckdraht ersetzt. Zum raschen Verkleben dient ein Sekundenkleber.

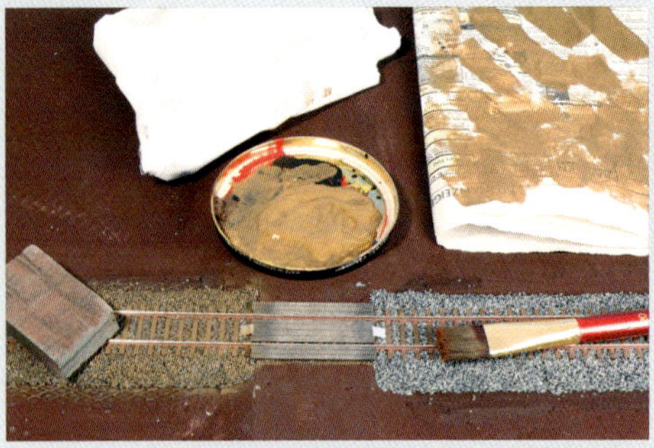

„Flugrost“ auf Gleisen und Schotter lässt sich gut mit einem Gemisch aus Abtönfarben darstellen. Die Farbe wird mit einem Borstenpinsel aufgenommen, der Pinsel dann auf Zeitung und Lappen abgestreift, ehe wie beim Granieren die Restfarbe aufgebürstet wird. I Der Belag des Feldwegs besteht aus Sand bzw. feinem Schotter. Er wird auf den bereits mit dem bekannten Holzleimgemisch bestrichenen Untergrund gestreut und dann nochmals gut mit dem Klebstoff durchnässt. I Dann folgen feine Flocken und Gartenerde, die konzentriert im mittleren Bereich des Wegs verteilt werden.

Der Grasbewuchs mittig im Weg entsteht aus schmalen Streifen eines Vlieses. Hier findet eine Foliage von Noch Verwendung. I In den noch feuchten Untergrund drückt und zieht man mit einem Werkzeug Reifenspuren. Sie sollten in der Breite dem Radstand der eingesetzten landwirtschaftlichen Fahrzeuge entsprechen. I Flickstellen im Weg entstehen zunächst durch das Aufstreuen feinen Sands. Sie stechen aber farblich zu wenig hervor, so dass sie nachgefärbt werden sollten.

„Früher“ wurde auch allzu gerne Bauschutt in die Schlaglöcher gekippt. Feiner Sand und rostbraune, zugeschnittene Kunststoffteile aus der Restekiste imitieren die Schuttteile. I Die Flickstellen aus Sand werden nachträglich noch mit leicht verdünnter hellgrauer Emailfarbe farblich abgesetzt. Dann sind sie auch auf etwas Entfernung deutlich zu erkennen. I Abschließend wird die durchgetrocknete Oberfläche noch mit dem Vallejo-Farbton „Silver Grey“ graniert.

Nägel dienten bisher als Platzhalter für die Pfosten der Andreaskreuze. Da jetzt alle Arbeiten rund um Gleis und Weg erledigt sind, kann man die Pfosten nun mit ein wenig Holzleim befestigen.

gut miteinander verbindet. Jetzt kann auch hier an den Außenseiten geschottert werden. „Blechstreifen“ aus gefärbtem Papier verhindern das Verhaken von herabhängenden Kupplungen und Bremsschläuchen.
Die lasergeschnittenen Andreaskreuze stammen aus dem Sortiment von Noch. Die Sichtseite ist zweifarbig ausgelegt. Allerdings ist die Rückseite weiß, was sich mit etwas mittelgrauer Emailfarbe beheben lässt. Die werkseitig beiliegenden Pfosten sind etwas zu dick geraten und zudem auch leicht windschief. Sie werden kurzerhand durch Stücke Blumensteckdraht ersetzt, die mit Sekundenkleber fixiert und mit der grauen Emailfarbe nachlackiert werden. Die fertigen Andreaskreuze werden zunächst aber beiseitegelegt, damit sie bei den folgenden Baumaßnahmen nicht stören.
Jetzt wird der ganze Gleiskörper mit „Flugrost“ versehen, indem man mit der Trockenbürst-Methode kleine Mengen Farbe mit einem dicken Flachpinsel aufträgt. Diese Farbe ist wiederum ein Farbgemisch aus Abtönfarben.
Mit und mit ist nun das Gelände gestaltet und begrünt worden, insbesondere entlang des Bahndamms und an den Böschungen des zum Bahnübergang ansteigenden Feldwegs. Es folgt die Gestaltung der Feldwege. Der Belag besteht aus feinem Sand bzw. hier aus selbst gesiebtem Bruch, der auf den bereits mit dem bekannten Holzleimgemisch bestrichenen Untergrund gestreut wird. Mit einem Pinsel verteilt man das Streugut noch ein wenig, ehe man mit einer Spritze weitere Leimflüssigkeit aufträgt, bis alles gut durchtränkt ist.
Dann folgen feine Flocken und gesiebte Gartenerde, die konzentriert im mittleren Teil des Wegs verteilt werden. Nach einer nochmaligen Durchfeuchtung mit dem Klebstoff werden schmale Streifen eines Vlieses mit nicht zu hohem Bewuchs aufgesetzt. Ich habe hier die Foliage von Noch verwendet.
Reifenspuren der Traktoren, die sich über die Jahre bei nassem Wetter in den Weg drücken (und bei jugendlichen Radfahrern für Kratzer sorgen – da ist es wieder, das Trauma!) können entsprechend dem Radstand der verwendeten Fahrzeuge mit einem Werkzeug in den noch weichen Untergrund gezogen werden.
Flickstellen von Schlaglöchern können mit feinstem Sand nachgeahmt werden. Da sie wegen des gleichen Grundmaterials später kaum mehr sichtbar sein würden, behilft man sich mit einem kleinen Trick. Ist das Material getrocknet, streicht man einfach eine hellere graue Farbe genau dort auf.
Gerne haben die Bauern (und auch andere sparsame Menschen) ihren Bauschutt in den Schlaglöchern verteilt. Dachziegel, Feldbrandsteine und anderer Schutt wurde zum Erhalt der Wege (und zum „Niedergang“ der jugendlichen Radfahrer!) verteilt. Im Modell lässt sich das prima mit „Schnipseln“ Kunststoff darstellen. Ich fand „Blumentöpfe“ (Busch) in meiner Restekiste. Hinzu kommt dann noch etwas rotbrauner Sand (ebenfalls Busch) und fertig ist die todsichere Radfahrerfalle!
Der fertig gestaltete und durchgetrocknete Weg wird dann noch mit dem „Silver Grey“ von Vallejo „angehaucht“. Hierdurch werden vor allem die Fahrspuren deutlicher sichtbar, da sich die Farbe nur an deren Rändern absetzt, aber nicht in den Vertiefungen.
Abschließend können nach Beendigung aller Arbeiten auch die Andreaskreuze montiert werden.

Selbst ein einfacher Feldweg an einem Bahnübergang kann zu einem Blickfang werden. Die Gestaltung ist nicht schwierig und bietet jede Menge Bastelspaß.

Verantwortlich: Andreas Ritz
Redaktion: Thomas Mauer
Fotos: Thomas Mauer
Lektorat: Dr. Karlheinz Haucke
Layout/Satz: ModelGRAPH Kurt Heidbreder
Coverentwurf: GM unter Verwendung von Fotos von Thomas Mauer
Repro/Bildbearbeitung: ModelGRAPH Kurt Heidbreder
Printed in Slovenia by Florjancic

Unser komplettes Programm finden Sie unter www.geramond.de

★★★★★

Sind Sie mit diesem Titel zufrieden? Dann würden wir uns über Ihre Weiterempfehlung freuen.
Erzählen Sie es im Freundeskreis, berichten Sie Ihrem Buchhändler oder bewerten Sie bei Ihrem nächsten Onlinekauf. Und wenn Sie Kritik, Korrekturen oder Aktualisierungen haben, freuen wir uns über Ihre Nachricht an GeraMond Media Verlag, Postfach 40 02 09, D-80702 München oder per E-Mail an lektorat@verlagshaus.de.

In diesem Buch wird aus Gründen der besseren Lesbarkeit das generische Maskulinum verwendet. Weibliche und anderweitige Geschlechteridentitäten werden dabei ausdrücklich mitgemeint, soweit es für die Aussage erforderlich ist.

Die Deutsche Nationalbibliothek verzeichnet diese Publikation in der Deutschen Nationalbibliografie; detaillierte bibliografische Daten sind im Internet über http://dnb.d-nb.de abrufbar.

1. Auflage

ISBN 978-3-96453-543-6